室内设计方法与细部设计

谢珂 著

中国商务出版社
CHINA COMMERCE AND TRADE PRESS

图书在版编目(CIP)数据

室内设计方法与细部设计/谢珂著. --北京：中国商务出版社，2017.12
ISBN 978-7-5103-2201-3

Ⅰ.①室… Ⅱ.①谢… Ⅲ.①室内装饰设计 Ⅳ.①TU238.2

中国版本图书馆 CIP 数据核字(2017)第 312001 号

室内设计方法与细部设计
SHINEI SHEJI FANGFA YU XIBU SHEJI

谢　珂　著

出　　版	中国商务出版社
地　　址	北京市东城区安定门外大街东后巷 28 号
邮　　编	100710
责任部门	职业教育事业部(010-64218072　295402859@qq.com)
责任编辑	周　青
网　　址	http://www.cctpress.com
邮　　箱	cctp@cctpress.com
照　　排	北京亚吉飞数码科技有限公司
印　　刷	北京亚吉飞数码科技有限公司
开　　本	787 毫米×1092 毫米　1/16
印　　张	17.25　　字　数：224 千字
版　　次	2018 年 5 月第 1 版　2024 年 9 月第 2 次印刷
书　　号	ISBN 978-7-5103-2201-3
定　　价	66.00 元

凡所购本版图书有印装质量问题，请与本社总编室联系。(电话：010-64212247)

版权所有　盗版必究(盗版侵权举报可发邮件到本社邮箱：cctp@cctpress.com)

前 言

　　室内设计是一门新兴的学科,它依托于建筑设计和艺术设计,是利用技术与艺术的手段,对建筑空间进行再创造,其本质是功能与审美的结合。随着我国经济的迅速发展,人们对室内设计的要求已不仅仅满足于对使用功能的需求,而是更体现在对文化内涵、艺术、审美的追求上。这就要求现代室内设计成为既有科学性又有艺术性,同时又具有文化内涵的新兴学科。

　　室内设计作为一门独立的专业,在世界范围内的真正确立是在20世纪60、70年代之后,现代主义建筑运动是室内设计专业诞生的直接动因。在这之前的室内设计概念,始终是以依附于建筑内界面的装饰来实现其自身的美学价值。自从人类开始营造建筑,室内装饰就伴随着建筑的发展而演化出风格各异的样式,因此在建筑内部进行装饰的概念是根深蒂固而又易于理解的。当代室内设计涵盖的领域十分广阔,不仅包含建筑物的室内设计,也延伸至诸如轮船、车辆和飞行器等的内舱设计。室内设计师的设计领域也扩展到诸如家具、灯具、陈设等的艺术设计,甚至有时也会拓展到建筑立面和表皮的设计。既要从宏观上把握空间,又要细致入微地关注每个细部。本书将立足于室内设计这一领域,对室内设计的方法与细部设计进行分析研究。

　　本书共分为六章,第一章是对室内设计这一学科进行整体上的概述,主要论述了室内设计的基本概念、室内设计师、室内设计的职业化以及相关法律与文件。第二章以时间为主线,论述了不同时期室内设计的不同风格、历史发展以及它的未来发展趋向。第三章是研究与室内设计的相关学科,主要包括人体工程学和环境心理学。第四章是对室内设计的依据与方法进行研究分析,包括室内设计的原则、要求、程序、步骤以及智能家居的运用等方面的内容。第五章和第六章是室内设计中种种不同部位的设计,既包括地面、顶面、立面、门窗、楼梯、玄关等部件构造,也有空间组织、色彩搭配、采光照明、家具陈设、装饰等细部设计。

  本书最大的特点就是思路清晰、有层次,作品图片的选择新颖,理论阐述深入浅出,使读者易读易懂。尤其是本书对于室内设计研究角度的选择谨慎考量,突出重点,使读者在阅读学习的过程中有所重视。同时,本书吸收借鉴了最新的研究以及实践成果,在内容方面具有时代特色。

  笔者在撰写本书时,得益于许多同仁前辈的研究成果,既受益匪浅,也深感自身所存在的不足。笔者希望读者阅读本书之后,在得到收获的同时对本书提出更多的批评建议,也希望有更多的研究学者可以继续对室内设计这一年轻的的学科进行研究,以促进室内设计艺术的发展。

作 者

2017 年 9 月

目　录

第一章　室内设计的初步理解 ………………………… 1
　第一节　室内设计的基本概念 ………………………… 1
　第二节　室内设计师 …………………………………… 7
　第三节　室内设计职业 ………………………………… 8
　第四节　室内设计的职业化 …………………………… 11
　第五节　室内设计的相关法律与文件 ………………… 14

第二章　室内设计的风格与发展 ……………………… 17
　第一节　室内设计的不同风格 ………………………… 17
　第二节　室内设计的历史发展 ………………………… 44
　第三节　室内设计的未来发展趋向 …………………… 67

第三章　影响室内设计的学科 ………………………… 71
　第一节　人体工程学 …………………………………… 71
　第二节　环境心理学 …………………………………… 85

第四章　室内设计的依据与方法 ……………………… 92
　第一节　室内设计的原则 ……………………………… 92
　第二节　室内设计的要求 ……………………………… 107
　第三节　室内设计的程序与步骤 ……………………… 113
　第四节　室内设计的方法 ……………………………… 128
　第五节　室内设计中智能家居的运用 ………………… 129

第五章　室内设计的部件构造 ………………… 140
第一节　地面、顶面 …………………………… 140
第二节　室内立面与门窗 ……………………… 162
第三节　楼梯与玄关 …………………………… 178
第四节　装饰材料 ……………………………… 182

第六章　室内设计的细部设计 ………………… 201
第一节　空间组织 ……………………………… 201
第二节　色彩搭配 ……………………………… 208
第三节　采光与照明 …………………………… 230
第四节　家具与陈设 …………………………… 239
第五节　绿化与织物装饰 ……………………… 254

参考文献 …………………………………………… 266

第一章 室内设计的初步理解

我们生活的时代，与周边的环境建立了密切的联系，尤其是生活的室内环境，从居室休息空间到工作空间、生活娱乐的场所等，有超过三分之二的时间都是在室内，因此室内设计对于现代人的生活品质十分重要。本章就是对室内设计的初步理解，关于室内设计、室内设计师、室内设计的职业以及它的职业化，还有相关的法律和文件，进行简单的论述。

第一节 室内设计的基本概念

一、基本概念

早期的高等美术学院开设室内设计专业称为"装潢"，后来在环境艺术专业中细分出室内设计专业。但总体来说，对其涵义的理解呈现出的是一个由含混到明晰，由肤浅到深刻的过程。

室内设计的诞生是为了改善人们指定的室内环境，对其提出针对性的建议，并设计出一套完整可行的方案。

从设计师的角度来说，设计师为了改善指定的室内环境而提出的一套完整的、富有创造性的解决方案，称为室内设计。一套完整的室内设计包括了概念方案设计、细部深化设计、施工图设计以及解决施工现场实际问题等内容。

二、软装饰与硬装修

室内软装饰是相对于室内硬装修而言的。室内硬装修即是以硬性材料,诸如砂石、水泥、木材、玻璃等进行室内装修,所制作成的界面、门窗、橱柜等固定物件。而室内软装饰是指在功能性的硬装修后,使用易更换、可以改变位置的饰物与家具、灯饰、沙发等,结合室内的光线、色彩、材质、肌理等对室内空间进行二度陈设与装饰的一门新兴设计学科。

软装饰的设计是室内空间的点缀,同时也是对空间使用者的审美品位的体现。既可以展现出主人的品位与情趣,又能留给设计师无限的设计空间。

硬装饰一般是指装修过程中的拆墙、刷涂料、吊顶、铺设管线、电线等,同时包括为了满足房屋的结构、布局等需求在建筑物的表面或者内部添加的各种装饰物,这些装饰物一般是不可移动的,但是不排除人为的拆装。

三、室内设计的内容

(一)室内空间的组织、调整、创造或再创造

这主要是对所需要设计的建筑的内部空间进行处理,对整个空间进行安排,组织空间秩序,合理安排空间的主次、转承、衔接、对比、统一,并在原建筑设计的基础上完善空间的尺度和比例,通过界面围合、限定及造型来重塑空间形态。

(二)功能分析、平面布局与调整

就是根据需要设计的空间使用人群,从他们的年龄、性别、职业、生活习惯、宗教信仰、文化背景等方面入手分析,确定其对室内空间设计的需求,从而通过对平面布局及家具与设施的布置来

第一章 室内设计的初步理解

满足物质及精神的功能要求。

由丹尼尔·李伯斯金(Daniel Libeskind)设计的犹太人博物馆完全是出于缅怀二战中犹太人惨遭灭绝人寰大屠杀的历史、警示世人要以史为鉴,这就要求在博物馆的空间设计中体现出这样的作用,图1-1为"屠杀之轴",打开一扇黑色沉重的金属们后,是更加黑暗、幽闭的空间,地上铺满了金属的脸,让人感受到绝望。

图1-1 柏林犹太人博物馆

(三)界面设计

是指对于围合或限定空间的墙面、地面、天花等的造型、形式、色彩、材质、图案、肌理等视觉要素进行设计,同时也需要很好地处理装饰的造型,展现独特的视觉空间,通过一定的技术手段使界面的视觉要素以安全合理、精致、耐久的方式呈现。

图1-2的公共空间的走道设计,一侧的墙面运用了镜面的材质,从视觉上使走廊的空间变宽,并对该空间带来一定的引导性。

(四)室内物理环境设计

物理环境的设计包含了许多的内容,为使用者提供舒适的室内体感气候环境,采光、照明等光环境,隔音、吸声、音质效果等声环境,以及为使用者提供安全的系统,为使用者提供便捷性服务的系统等,这是现代室内设计中极其重要的一个内容。为了空间的舒适、安全和高效利用,设计师对这一方面也要做详细的了解。

图 1-2　走道空间设计

图 1-3 为法航头等舱旅客的候机室,机场为了给旅客提供舒适的休息环境,配备了多种智能化的设备,并设计了光环境,改变了空间的氛围。

图 1-3　法航头等舱旅客候机室

(五)室内的陈设艺术设计

设计的内容包括家具、灯具、装饰织物、艺术陈设品、绿化等的设计或选配、布置等。在当今的室内设计中,各种陈设的艺术设计可以起到软化室内空间、营造室内氛围、体现个性独特品味与格调的作用,并且这种简单的陈设在整体装饰效果中往往有点石成金的作用。

图1-4是一家成都的日式料理店的室内设计,装修不算豪华,但是却展现了浪漫的情趣,室内的竹子装饰也表现了当地的特色,木质的隔间也加深了店里原生态的环境特点。

图1-4 日式料理店的室内设计

四、室内设计的特征

(一)目的性

室内设计以满足人的基本需求为出发点和目标,人是空间设计的最终目的,在设计时"以人为本"的理念将贯穿设计的全过程。

（二）物质性

室内环境的实现是以视觉形式为表现方式，这样就离不开具体的物质，以物质技术手段为依托和保障，离不开各种材质、工艺、设备等的物质支持，现代科学技术的进步为设计师和业主提供了更多的选择，设计师在这种条件下有可能带来室内设计领域的变革。

（三）艺术性

艺术性是室内设计所表现出来的一种审美情趣，通过对室内设计的方案策划、装修过程及结果，都能够展现出艺术的感染力与空间的造型和能力，在视觉的表现上增加美的享受，将空间的使用者的心理和精神层面上的要求都展现出来。现代室内设计由于得到科技和物质手段的支持，在艺术领域的尝试与探索变得有更多的可能，有更多的设计作品以前所未有的艺术造型与形式呈现在我们面前。

（四）综合整体性

室内设计各要素是相互影响、互为依存、共同作用的，在设计时要全面考虑人与空间、人与物、空间与空间、物与空间、物与物之间的相互关系，更要对设计时技术与艺术、理性与感性、物质与精神、功能与风格、美学与文化、空间与时间等诸多层次的要素进行协调与整合。这就要求室内设计师不仅仅具备空间造型能力，或是功能组织能力，更需要多方面的知识和素养。同时，室内设计是环境艺术链中的一环，设计师应该培养并加强环境整体观。

（五）动态的可变性

建筑的室内环境是会变化的，随着时间的推移在使用功能、使用对象、审美观念、环境品质标准、配套设施设备、相应规范等多方面都有可能,因此,室内设计会呈现出周期性更替的动态可变性。

第二节　室内设计师

曾担任过美国室内设计师协会主席的亚当(G. Adam)指出:"室内设计师所涉及的工作要比单纯的装饰广泛得多,他们关心的范围已扩展到生活的每一方面,例如:住宅、办公、旅馆、餐厅的设计,提高劳动生产率,无障碍设计,编制防火规范和节能指标,提高医院、图书馆、学校和其他公共设施的使用率。总而言之,给予各种处在室内环境中的人以舒适和安全。"

室内设计行业主要可以分为两类:住宅类设计、非住宅类室内设计。不同性质的建筑及使用人群对其室内空间的具体使用和审美要求存在显著的差异,"术业有专攻",它就造成了室内设计行业的从业单位及个人在市场上有细分,而且在本单位内部或在某一项目实施过程中也存在分工与合作的关系。就整个市场细分来说,住宅类室内设计主要是为以家庭为单位的客户提供市区住宅或公寓、别墅、度假屋,抑或兼有家庭办公功能的Loft等的室内设计及装修服务,以直接面对特定的、少量的、结构相对稳定的使用对象为特征,设计过程中需要与客户保持密切的联系,力求设计满足客户的具体需求,体现其生活方式和情趣。非住宅类室内设计的业主多为公司、团体,空间的使用人群虽然一般在范围上有所指向,但相对是模糊的,存在很大的不确定性和可变性。因此除了必要的与业主沟通外,设计师需要更多地运用专业知识和创意为使用人群进行规划和设计,此类设计更大程度地依赖设计师的能力来塑造内部空间环境的品质,整个工程实施过程中的质量与效果控制也更受关注,结合国家和地方的各项相关法规和规范也更密切。

第三节　室内设计职业

一、与业主的沟通能力

要求与业主通过交流沟通，领会业主的需求、掌握业主的审美倾向和价值观，还可以用语言、专业图纸和专业绘画向业主清晰地表达设计方案、预想效果、用材、用色以及设计细节。从图1-5法国设计师密斯·凡德罗的客厅手绘图中，我们可以清晰地知道客厅与卧室的空间布局、家具的用材装饰、墙面的设计等情况。

图1-5　范斯沃斯住宅的门厅

二、理性分析、优化设计方案的能力

前期的调查了解最重要，要求设计师在前期调研、方案设计

过程中能及时整理归纳各种信息,通过理性的分析,在功能布局、空间造型、动线组织、界面处理、色彩与材质搭配、光环境设计等方面,进行可行方案的比较,从而获得最佳方案。

三、协调各设备工种的能力

当代的建筑体系早已超越了最初仅仅为使用者提供遮风挡雨、有安全性的功能空间的阶段,而是更关注建筑使用者的身心健康、卫生及安全,并在此基础上,符合使用者的审美要求,对建筑的使用效能和内部环境品质进行协调。这就对室内设计师提出了更高的要求,他们应了解各种建筑设备系统的运作原理,掌握它们对建筑空间的要求和影响,能够从全局上协调各设备工种的设计方案,使空间获得更多的设计灵活性。

四、熟悉建筑和装饰材料

室内设计师应具有在熟悉的基础上掌握创造性运用材料来表现空间、赋予界面意义的能力,材料已经成为设计师的一种富有表现力的创作语汇。

随着现代科学技术的发展,更多的新型材料出现,这样就给设计师提供了更多的选择余地,而设计师就需要对这些材料进行全面的了解和分析,在设计时可以选择最恰当的方式。设计师应该主动扩大对新型建材的了解,掌握各种建材的特点、适用条件、装饰效果、大致的价格范围和相应的施工工艺要求等,根据业主的预算和既定的设计风格来选择搭配合适的材料。

五、指导施工队伍、监督施工质量的能力

设计的理念和效果最终要靠施工人员依据施工图纸和现行的施工工艺标准来实现,施工人员对设计单位提供的施工图纸的

理解能力有强弱之分,施工技术和经验也因人而异。因此,设计师就在其中扮演至关重要的角色。

设计师应经常深入到施工现场(图 1-6),在现场仔细观察记录,把室内的设计意图向施工人员做详细介绍,确保从工艺上达到高品质。如果施工现场出现一些意外的状况,或者是实际情况和设计师的设计图纸出现偏差,这就需要设计师来做出及时的调整。

图 1-6　拆墙固梁施工现场

六、运用软装饰来营造一定的室内氛围

室内氛围的营造具有改善或美化室内整体视觉效果的能力。运用软装饰设计,包括家具或灯具的设计和选配、窗帘布幔的造型设计与材料选用、地毯的选配以及室内绿化及景观小品的设计和搭配等。

图 1-7 中设计师在整体以蓝色为主的基调下,使用绿色的壁纸和盆栽,在加上鸟笼、沙发、地毯的装饰等家具物品,营造出一种海洋与森林交织的气氛。

图 1-7 营造室内气氛

第四节 室内设计的职业化

一、职业准备

(一)参加资格考试、获得相关证书

由国家指定的专业机构所组织的执业资格认定考试,是确保通过考试的设计师达到从事室内设计职业最低标准的一个有效的方式,并且资格考试制度能规范设计市场的有序化竞争,确保设计师能更好地服务于社会。

室内设计师执业资格考试是国际上通行的方法,要想获得"室内设计师"这一称号,必须通过资格考试、经过认定获得国家认可的执照。在我国,目前是以技术岗位证书的形式出现的,被国家认可的相关室内设计行业的技术岗位有:

(1)由中国建筑装饰协会认定并颁发证书的高级室内建筑师、室内建筑师和助理室内建筑师。

(2)由中国建筑装饰协会认定并颁发证书的高级住宅室内设计师、住宅室内设计师。

(3)由国家劳动和社会保障局鉴定并颁发职业资格证的高级室内装饰设计员(师)、中级室内装饰设计员(师)、职业室内装饰设计员。

(4)我国的专业室内设计人员也可参加国际注册室内设计师协会(IRIDA)的认证。

(二)加入行业协会,通过定期培训获得进步

设计师应该具有随时代的发展和社会的进步而获得提高的途径,因为人类对建筑室内空间的需求和专业的发展是无限的,这就要求设计师加入室内设计行业协会或装饰装修行业协会,参加协会举办的进修课程,颁发资格证书或者技术岗位证书的机构也会定期开办学习班,确保持证者的业务水准能跟上专业的发展。

(三)与相关领域里的专业人士保持密切联系

室内设计师从设计项目的前期开始到交付使用,设计师需要来自各方面的支援:建筑设计师、结构工程师和风水电设备工程师能在大型公共项目中提供专业设计力量;具有资质的施工单位能对施工结果承担法律责任;高水平的技术工人能保证达到预期的设计效果和质量,也可以适时提出改进设计的建议;材料、设备和家具供应商可以为设计提供更多的新材料、新设备。设计师应和他们保持良好的联系,在必要时进行整合,获得优化效能。

二、职业道德

室内设计师设计的虽然是空间环境，但使用者是人。所以设计师必须具有"为人服务""以人为本"的基本信条。

室内设计是一项比较烦琐而又需要细致入微的工作，可能在整个过程中需要经常修改、调整，"没有最好，只有更好"，所以要求设计师要有足够的耐心和毅力去关注每一个细节，并且从设计的开始到施工完成都要做好服务，并且有始有终。

室内设计项目一般都会签订委托设计合同（协议），这不仅仅是确保设计师合法权益的法律文件，也是要求设计师履行其中所规定的服务内容和完成期限的条款。设计师应该要有法律意识，认真执行。

很多室内设计项目需要经过设计招投标，中标后才能获得。设计师应自觉抵制不良的幕后交易行为，通过合法的公平竞争谋取利益。

室内设计师需要参与主要装修材料、设备、家具等的选型、选样、选厂，应本着对业主负责、对项目负责的态度，科学、合理、公正地给予专业上的建议，在这过程中不得利用工作的便利吃回扣或者受好处。

设计师还要尊重其他设计师的专利权，不得抄袭和照搬别人的创意和形式，做出符合自己风格，符合实地环境的原创性设计。

三、职业前景

城市化的推进、社会财富的不断积累和人们的生活水平的提高，给房地产和建筑市场的发展带来了持续的后劲，室内设计将随之有很长时间的活跃期，能给从业设计师提供良好的实践机会。

另一方面，正如社会的分工越来越细，室内设计领域的市场也不断在细分。随着科学技术与现代建筑环境相结合,其内部功能、设备变得越来越复杂,要求也越来越高,这将促进室内设计行业的进一步细分,对某一类设计领域的专业化设计将有助于设计师掌握更多的专业知识、积累更多的同类经验,也更有助于团队合作,提高效率和市场竞争力。因此,室内设计师在设计实践中应有意识地定向收集信息和参加专业学习,培养自己在某一领域中成为"专业设计师",甚至是专家。

第五节 室内设计的相关法律与文件

一、室内设计的相关法律

室内设计作为一个边缘性学科,包含了许多学科的相关内容,因此,作为室内设计师应当了解与室内设计相关的法律法规。

(一)中华人民共和国民办教育促进法

明确了学院培训与民办培训相结合体制;民办培训机构从事室内设计师培训的合法性即培训许可。

(二)中华人民共和国行政许可法

室内装饰行业的准入、许可的合法性(由主管部门中国轻工总会许可);室内设计师、室内装饰设计、施工许可的合法性也包括证书许可、资质的许可。

(三)建筑法

室内装饰设计施工不能破坏建筑物的结构安全;室内装饰设计、施工,若改变建筑物结构必须报建筑管理部门或建筑规划部门批准。

第一章　室内设计的初步理解

(四)房地产法

室内装饰设计施工不能破坏房屋的结构安全;若改变房屋结构,其方案必须报经房管部门审批。

(五)环保法

施工时必须防噪、控制粉尘、处理报废弃物;设计时使用材料应使用符合环保无毒害、无污染、防噪音材料。

(六)消防法

设计时要符合消防防火要求,对水、电、气、通风口、安全通道等设施的装饰设计不能影响消防使用功能;设计、施工、验收时要自觉接受消防部门的监督管理。

(七)产品质量法

严格按行业标准进行设计施工,现行有效的标准为中华人民共和国行业标准(QB1838-93)室内装饰规范;从开工到竣工的全过程都要接受技监部门的监督。

(八)工商管理法规

设计、施工、企业、个体经营者的资质等级的市场准入,应当接受监督管理。

二、设计师应掌握的法律与文件

(一)基本的法律知识

1. 宪法

公民的基本权利和义务(33～56条共23项)。

2.民法

民事行为能力的概念,平等原则、自愿、公平、等价有偿、诚实信用的原则。

3.合同法

平等、自愿、公平、诚实信用、合法的原则。

4.刑法

犯罪的概念、犯罪行为的界定。

(二)专业的法律文件

涉及室内装饰的法律、法规、规章:

(1)全国室内装饰行业管理暂行规定。

(2)全国室内装饰行业家庭装饰管理办法。

(3)国务院批复通知[1992年9月3日国办通(1992)31号]。

(4)全国室内装饰设计取费办法[1990年5月5日以(1990)轻政法字第1号文由轻工局、国家技监局联合发布]。

(5)关于发布室内装饰工程预算定额的通知[(1992)价费字466号国家物价局、轻工局]。

(6)全国室内装饰施工企业项目经理资格管理办法(1998年1月1日起施行)。

(7)全国室内设计师资格评定暂行办法(中室协2002年6月3日)。

(8)全国室内设计师资格评定暂行办法[2003年12月22日中室协字(2003年第050号)]。

(9)全国室内装饰设计单位、施工企业管理规定。

(10)关于委托中国室内装饰协会承担全国室内装饰行业资质审查、颁发证书的通知(国家经贸委2001年3月26日)。

第二章　室内设计的风格与发展

室内的设计包括家具、窗帘、地毯、饰品、灯饰等,这些可更换可变动的室内设计在不同的地区构成了不同的情调与风格,展现不同的设计魅力,在长期的生活实践中这些风格与社会现实、文化潮流、民族特性等都有关系。本章论述的重点就是室内设计的风格与历史,还有未来的发展趋向。

第一节　室内设计的不同风格

一、中式风格

(一)中国传统风格

中国传统风格是以宫廷建筑为代表的中国古典建筑的室内设计艺术风格,我们现在常见的设计风格是清代以来逐步形成的。其特点是气势恢弘、壮丽华贵、金碧辉煌,重视文化意蕴,造型讲究对称,布局要求均衡;设计的图案多以龙、凤、龟、狮等为主,精雕细琢、瑰丽奇巧;空间讲究层次,多用隔窗、屏风来分割;擅用字画、古玩、卷轴、盆景等加以点缀;吸取了中国传统艺术文化中的内涵,并将其体现在设计中,展现了中国传统家居文化的独特魅力。

图 2-1 中,可以看到从墙面的设计到桌椅的摆放、地毯的铺设

都使用了中国传统的风格和元素,左右对称的均衡,空间层次的分割,体现了浓浓的中国情怀。

图 2-1　中国传统风格

(二)新中式风格

新中式风格是中国传统风格在当今时代环境下的演绎,是在对中国当代的文化艺术发展的充分理解上进行的设计,而不是将现代化的风格和中国传统的设计风格的合并或元素的简单堆砌。运用传统文化和艺术内涵对传统元素进行提炼和简化,从功能、美观、文化出发,将古典与现代相结合,以现代人的审美需求和对生活品质的追求来打造富有传统韵味的空间,对材料、结构、工艺进行再创造,可以让传统艺术通过现代手法得以体现。

图 2-2 是将中式建筑中常用的元素与现代元素相结合,既有了传统的韵味,又不失现代的时尚感;图 2-3 是用现代材质的简单家具,透漏出传统的风格和古典的色彩,灯饰和摆设也恰到好处,使空间透出禅意。

第二章　室内设计的风格与发展

图 2-2　新中式风格 1

图 2-3　新中式风格 2

(三)中式田园风格

中式田园强调的是"中国风",如江南水乡的风格,室内采用大量的木结构设计,室外则通过假山、水景、金鱼池等景致表现。在家具的选择上,应以纯实木为骨架,适当配以具有中国特色的图案,如陶瓷、竹子和中国象征性的图腾等,从而体现出中国田园所具有的自然、和谐。

图 2-4 是典型的中式田园风格,圆形的拱门设计可以看到屋内的木质桌椅,古典气息的灯饰,假山水景的设计,还有盆景的摆设都体现了中式的田园生活方式。

图 2-4 中式田园风格

二、日本传统设计风格

日本传统设计风格,即和式设计风格。和式设计的风格受日本和式建筑影响,并在其中融入了佛教、禅宗的意念,以及茶道、日本文化等,讲究空间的流动与分隔,流动则为一室,分隔则分几

第二章 室内设计的风格与发展

个功能空间。设计中常用简洁、朴实的线条和色块来表现,不尚设计,空旷自由,壁面色彩在去芜存菁后"留白",如此,在悠悠的室内空间中,让人们在这里抒发禅意,感悟人生,静静思考。

图2-5是简单和室,布局十分简单,体现了一种追求自然、朴实无华的感觉,室内的榻榻米可以席地而坐,使用屏风、竹帘等来进行空间划分,线条清晰简单,设计通透。图2-6是融合了现代风

图2-5 简单和室

图2-6 现代和式风格

格的和式风格造型,空间设计通透,设计以木材为主,偏重原木的颜色,呈现出小自然的风格,白色的墙面加上随意散落的垫子,营造出素雅的、华贵的特点,充满了日本的传统文化韵味,又不失现代气息。

三、东南亚传统风格

(一)东南亚传统风格室内硬装特点

东南亚湿润多雨、天气炎热、植被丰富,因此常用这里的原始材料做室内设计,浮木、竹子、编织草、热带硬木、石头等都是常用的设计材料,并且会采用地方特色的艺术主题来进行装饰设计,比如热带花草、佛教元素和动物等。

图 2-7 的设计主要是以竹藤为主,在室内利用竹藤编织大隔断将空间分割为两部分,古典与现代形成高度的融合,桌上的摆设也有佛教的元素,与软装风格的华丽不同,更显得简单安静。

图 2-7 东南亚传统室内硬装风格

(二)东南亚传统风格室内软装元素

东南亚的室内设计多采用金色、黄色、玫红等饱和的暖色调的布艺,显示出东南亚传统风格的特色。在室内设计的各项元素中,编织、雕刻工艺在室内大量运用,手编篮、手编托盘、藤编椅的手工制品,营造了舒适、回归自然的感觉。

图 2-8 中的软装风格有着浓浓的异域风情,室内艳丽饱和度高的色彩,实木的地板,编织的地毯和墙上的挂件等都显示出东南亚的风格更特点,使整个空间温馨又不失热情,显示出主人极高的文化修养。

图 2-8 东南亚传统室内软装风格

四、西欧古典设计风格

(一)罗马式风格

公元前 27 年罗马皇帝时代开始,室内装饰结束了朴素、严谨的共和时期风格,开始转向奢华。室内设计一般是窗少、阴暗,家具设计多从古希腊衍化而来,多采用室内浮雕、雕塑的装饰来体现庄重美和神秘感。

图 2-9 中的室内设计就是罗马风格,将拱形融入了室内的空间装饰,屋顶以及墙壁上都有精美的壁画装饰,室内的柱子上还有大量的浮雕、雕塑,给人一种历史的厚重与庄严神圣的感觉。

图 2-9 罗马式风格

(二)哥特式风格

公元 1100 年之后,在法国巴黎地区出现了哥特式风格的室内建筑,早期哥特式建筑采用尖拱和菱形穹顶,以飞拱加强支撑,使建筑向高空发展,大面积的窗户配有彩色玻璃。到了 14 世纪末,哥特式风格的室内设计造型更加华丽、色彩丰富明亮,并且当时的家具许多都是模仿建筑拱形线脚做的造型。

图 2-10 中的主色调是黄色,搭配上红色彰显了室内的华丽,哥特式的靠背座椅,加上墙上手工、木雕和编织为主的工艺,还有

独特的烛台摆设,都表现出这一时期的华丽效果。

图 2-10 哥特式风格

（三）文艺复兴式风格

现代西方设计风格,很大一部分起源于文艺复兴时期。1400年左右,这种文艺复兴从意大利的佛罗伦萨开始,很快就在整个欧洲兴起。

文艺复兴时期的室内运用了更多的家具和装饰品,设计时非常重视对称与平衡的原则,强调水平线,细节上重视运用由古罗马设计衍生出的嵌线和镶边,墙面会绘上壁画作为装饰。

图 2-11 中运用了大量的丝织品装饰物,墙面为白色,设计光滑简洁,也对应这一时期要求画面的对称与均衡原则,墙面的边框和镶边等装饰也十分精美,家具也采用了直线的设计,在灯光的映衬下,极富古典气息。

（四）巴洛克式风格

巴洛克艺术相对于古典设计的纯粹与稳重,更强调繁复夸张的装饰,在风格上庄严雅致,十分注重舒适性,室内的整体设计颇为华丽且气势汹涌，让人一眼看过去闪耀着耀眼的光芒，线条繁复却有规律。

图 2-11 文艺复兴式风格

墙面和天花板都以立体的雕塑、雕刻修饰，楼梯设计成弯曲、盘绕的复杂形式，家具的形式采用直线和圆弧相结合，结构对称；椅子多为高靠背，并且下部一般有斜撑，桌面也多采用大理石平整镶嵌。

图 2-12 在家具的处理上十分细致，背椅的花边还有墙面的设计带有一定宗教色彩，对于几何形状的运用也更加偏爱，在线依然一直线为主，但是也会追求线条的流动变化，工艺摆设的装饰物镀金，再加上色彩鲜艳的地毯，使得整个空间更加有气势。图 2-13 的色彩比较沉稳，浮夸的雕刻装饰，华丽又气派，深色的墙壁颜色，也是典型的巴洛克风格。

(五)洛可可式风格

洛可可式风格是在巴洛克风格上进行更加夸张的装饰，并且在华丽夸张造型上走向了极端的结果。洛可可式风格作为一种

第二章　室内设计的风格与发展

建筑风格,表现在室内装饰上主要为轻松、明朗、亲切,相对于巴洛克式风格,其更具有纤巧秀美、繁复精致的女性化特点,极具装饰性。

图 2-12　巴洛克式风格 1

图 2-13　巴洛克式风格 2

图2-14是典型的洛可可风格,家具整体对称,线条优美,以贝壳般的曲线为主,散发着梦幻的气息,整体的色调是金色与象牙白,色彩清淡又不失富贵。

图 2-14 洛可可式风格

(六)路易十四式风格

文艺复兴后期的法国,形成了一种独特的"法国路易十四式风格",更有逻辑与秩序,少了一分矫揉造作的华而不实。现在,路易十四式风格已经从特指路易十四那个时代的装饰风格,逐渐衍生为指代任何含有文艺复兴式、巴洛克式和洛可可式3种风格装饰元素的软装风格。

图2-15是路易十四式风格室内的软装饰元素的典型,整体设计华丽精巧,色彩浓郁温馨,华丽的吊灯也代表着这一时期的风格。

(七)西班牙传统风格

西班牙传统风格的室内装饰与文艺复兴式风格类似,西班牙的室内设计大多选择房梁外露的方式,最常使用铸铁艺术,这是

第二章 室内设计的风格与发展

西班牙风格的主要元素,而装饰用的彩砖、地毯等暖色调的则起到了软化、柔和空间的作用,达到空间的整体平衡。

图 2-15 路易十四式风格

图 2-16 中地板采用了装饰性色彩的瓷砖,屋顶是西班牙典型的房梁外露方式,富有现代气息的窗户与室内的家具陈设,形成较为朴素的风格。

图 2-16 西班牙传统风格

五、新古典设计风格

新古典主义设计风格其实就是经过改良的古典主义风格,虽然经过了改良,但是仍然有着强烈的历史痕迹与浑厚的文化底蕴,在此基础上又摒弃了过于复杂的装饰,简化了那些繁复的线条。新古典主义家居软装饰更加强调了实用性,色彩运用上,打破了传统古典主义忧郁、沉闷的气氛,在家具设计上则将古典的繁杂雕饰经过简化,呈现出即古典又简约的新风貌。

图 2-17 中的新古典主义风格,古典、华贵、浪漫、富有现代气息,设计的形式新颖简洁,注重线条的比例搭配,并大量运用了古典的元素,整体追求低调的奢华,优雅而不显庸俗。

图 2-17 新古典设计风格

六、现代设计风格

现代主义建筑的主要倡导者、机器美学的重要奠基人柯布西耶(图 2-18)对建筑设计强调"原始的形体是美的形体",赞美简单的几何形体。

密斯·凡德罗(图 2-19)是 20 世纪中期世界上最著名的四位

第二章 室内设计的风格与发展

现代建筑大师之一,他的建筑设计哲学理念就是坚持"少就是多",在空间设计的处理手法上主张流动空间的新概念。

美国的弗兰克·劳埃德·赖特(图2-20),对现代建筑有很大的影响,其代表作"流水别墅"(图2-21)表现了他对材料的天然特性的尊重,他的建筑作品充满着天然气息和艺术魅力。

以上是三位对现代主义风格影响较大的建筑大师。

图 2-18　[法]柯布西耶

图 2-19　[德]密斯·凡德罗

图 2-20 [美]弗兰克·劳埃德·赖特

图 2-21 [美]弗兰克·劳埃德·赖特的流水别墅

图 2-22 中的家具没有太多的装饰和造型设计,十分精简,在空间中展示了十足的现代感,木质地板与墙面的书架组成和谐的

第二章　室内设计的风格与发展

色彩,线条简洁,又不失活力,增添了许多文化气息。现代主义的设计样式多种多样,各种搭配都会有令人耳目一新的感觉。

图 2-22　现代设计风格

七、后现代设计风格

后现代风格室内设计是对现代风格室内设计中纯理性主义倾向的批判,强调室内装潢应具有历史的延续性,但又不拘泥于传统。室内的设计常常是把古典主义建筑的抽象与现代化的新手法组合,产生出一种更加奇妙的空间感,强调形态的隐喻、符号和文化、历史的装饰主义,光、影和建筑构件构成的通透空间,成为装饰的重要手段。图 2-23、图 2-24 都是多重风格的混合,却展现出不一样的感觉,形成了一种新的设计语言和理念。

图 2-23　后现代设计风格 1

图 2-24　后现代设计风格 2

八、北欧设计风格

北欧风格指欧洲北部地区挪威、丹麦、瑞典、芬兰和冰岛的室内设计风格。因为这些地区长期处于冬季,气候反差大,具有茂密的森林和充足的水源环境,从而形成了独特的具有原野气息的装饰风格。

北欧风格给人一种闲散大方的空间感觉,造型利落、简洁,花纹结构精致美观,色泽自然而富有灵气,在墙、地、顶的装饰中常常不用纹样和图案来装饰,只用简单的线条和色块来进行点缀,却能巧妙地将功能与典雅结合在一起。因能满足人们对自然环境的需求,深受现代人的喜爱。

图 2-25 中的设计造型是以白色为主的应用,北欧天寒,白雪皑皑,白色正好表现出了这种清新明亮的感觉,简单的黑白搭配典雅又具有时尚气息。图 2-26 中是以木材原本的色彩为主要的颜色,运用简单的装饰,形成了简洁的风格。

图 2-25 白色为主调的简洁风格

图 2-26　保持木材原有的色彩和质感

九、地中海设计风格

地中海风格是在9—11世纪文艺复兴前,在地中海地区产生的独特风格类型。这一地区的室内装饰风格,在色彩的设置、家居的装饰上都极为舒适,以其极具亲和力的田园风情及柔和的色调组合被广泛地运用到现代设计中。

白灰色的泥墙,连续的拱廊、拱门、陶砖,海蓝色的屋瓦和门窗,赤陶和石板的地面,还有马赛克的华丽装饰,简单且修边浑圆的实木家具,以素雅的小细花、条纹格子图案为主的室内布艺,都是地中海风格的特色。

地中海风格的家具以蓝、白色调为主,整体追求自然的风格,寻找一种回归的宁静感,各种布艺搭配也是低色彩度,有时还会配上小巧可爱的绿色盆栽(图2-27)。

第二章 室内设计的风格与发展

图 2-27 蓝白色调的地中海风格

十、自然设计风格

自然设计风格的人在室内环境设计中力求表现休闲、舒畅、自然的生活情趣，非常注重表现天然木、石、藤、竹等材质质朴的纹理，并巧妙设置室内绿化，家具的覆盖，窗帘的制作，一般都用棉制布艺进行织物装饰，创造自然、简朴、高雅的居家氛围。

图 2-28 将整棵绿植放入室内，给人生机勃勃的感觉。自由松散的大尺度三角面构成的空间，以前台为中心周边散落着开放的圆形桌椅，营造一个圆弧状的休闲空间，形成的天然弧形感与空间的基本的三角形圆形形成强烈的冲突感，充满戏剧性。

十一、美式设计风格

(一)美式古典风格

美式古典家具在欧洲风格的基础上融合了美国本土的风俗

文化,其最大的特点是贵气、大气又不失自在和随意。家具的体积较大,舒适性强,牢固耐用且具有丰富的功能性。整体颜色看上去比较厚重、深沉,具有贵族气息。

图 2-28 自然设计风格

图 2-29 的美式古典风格设计,融合了欧洲的古典气息,又结

图 2-29 美式古典风格

第二章　室内设计的风格与发展

合了美国的本土风格,旋转的楼梯,空间中的柱子设计,复古的钢琴以及带着花样的地板砖,都体现了美式的自在感与情调。

(二)美式乡村风格

美式乡村风格提倡回归自然,追求悠闲、舒适、自然的田园生活情趣,常用一些天然材质质朴的纹理创造出自然、简朴、高雅的氛围。同时,美式乡村风格有务实、规范、成熟的特点,以享受为最高原则,在面料及沙发的皮质上强调舒适度。布艺是美式乡村风格中主要运用的元素,花纹多以花大夸张著称,随意涂鸦的花卉图案为主流特色,色彩上以淡雅的板岩色和古董白居多,格调清婉惬意,外观雅致休闲。

图2-30中板岩色的实木家具加上古典的吊灯,方格的玻璃窗和燃烧的壁炉,无不透露着乡村生活的情趣。

图2-30　美式乡村风格

(三)美式现代风格

美式现代风格是建立在对古典的新认识上的,强调简洁、明晰的线条和优雅、得体、有度的装饰,给人的感受是低调而大气(图 2-31)。

图 2-31 美式现代风格

(四)美式工业风格

美式工业风格起源于 19 世纪末的欧洲,那个年代的美式工业风不仅提倡质地轻巧、不易生锈的家具,而且提倡实用、价廉。美式工业风的特征是家具饰品多为金属结合物,还有焊接点、铆钉这些公然暴露在外的结构组件,在设计上又融进了更多装饰性的曲线(图 2-32)。

十二、伊斯兰设计风格

伊斯兰风格的特征是东西合璧,室内色彩跳跃度高,搭配华丽,其表面装饰突出粉画,彩色玻璃面砖镶嵌,门窗常用雕花、透雕的板材做栏板,还常用石膏浮雕做装饰。砖工艺的石钟乳体是伊斯兰风格最具特色的手法。

伊斯兰风格常用于室内的局部装饰,图 2-33 是典型伊斯兰风

第二章 室内设计的风格与发展

格的室内设计,少发后面的墙壁色彩鲜艳,造型华丽,显示出浓烈的伊斯兰风格。

图 2-32 美式工业风格

图 2-33 伊斯兰设计风格

十三、印度设计风格

印度是具有悠久文化历史和佛教盛行的国家,它的古典传统风格样式反映在佛教建筑遗址中,石窟寺庙中多种多样的室内空间组合,精雕细刻的装饰和多波折圆拱形列柱来分隔空间。

印度的室内装饰和建筑一样,具有鲜明的民族特色和地域特征。壁面上常饰有繁复华丽图案纹样的壁画,形成鲜明的暖色调的装饰,展现出印度人民极高的艺术水平。

图 2-34 是位于喜马拉雅山脉入口处的瑞诗凯诗的 Ananda 酒店的室内接待处,这里曾是特里·加瓦尔王的宫殿,酒店经过完全的修复,将这座皇室宫殿完美地诠释,最大化地维护了历史的传承,让人仿佛回到了印度的皇室时代。

图 2-34 印度设计风格

十四、LOFT 设计风格

这是一种近些年很流行的装修风格,"LOFT"的字面意思是

第二章 室内设计的风格与发展

仓库、楼阁,进而逐渐演变形成现代的一种时尚的居住生活方式,十分的前卫、开放(图 2-35、图 2-36)。

图 2-35　LOFT 设计风格的办公室

图 2-36　LOFT 设计风格的居家设计

第二节 室内设计的历史发展

一、国内室内设计的历史发展

中国是一个历史悠久的文明古国,几千年的文明历史为人类留下了极为丰富的文化遗产,我国传统建筑的装修、色彩在建筑史上占有突出的位置,至于家具和陈设更是别具一格。

(一)先秦时期的室内设计

距今十万年前的原始社会,人类通过劳动创造了"居室"这种生命的保护物,而伴随居室出现的仿生图像为最初的室内装饰设计的历史考证。

春秋战国时期,室内设计也有了较大的发展,我们可考的是湖南长沙楚墓出土的文物,其中的漆案、木几、木床、壁画、青铜器等反映了当时已经拥有精美的室内装饰技巧,尤其是以彩绘和浮雕艺术为处理居室视觉效果的装饰手法,著名的帛画有以灵魂升天为主要题材的帛画《人物龙凤图》《人物驭龙图》(图2-37)及青铜器《错银环耳扁壶》,这些文物都展现了当时的装饰水平。

商周时期,统治阶级迷信鬼神文化,青铜器多作为祭祀的礼器,并饰以饕餮纹和龙纹,表现出庄重、威严、凶猛的感觉。在商朝后期,青铜手工业十分发达,铜器形制精美,花纹繁密而厚重,传世的珍品十分精致美观(图2-38)。

春秋战国时期,南国楚地仍保留原始氏族的社会结构,因而楚式家具的纹饰含有浓厚的巫文化因素(图2-39)。家具上装饰鹿、蛇、凤鸟等图案,这类巫文化使楚式家具软装蒙上一层神秘的色彩。

第二章 室内设计的风格与发展

图 2-37 《人物驭龙图》

图 2-38 [商]司母戊鼎

图 2-39　楚式家具

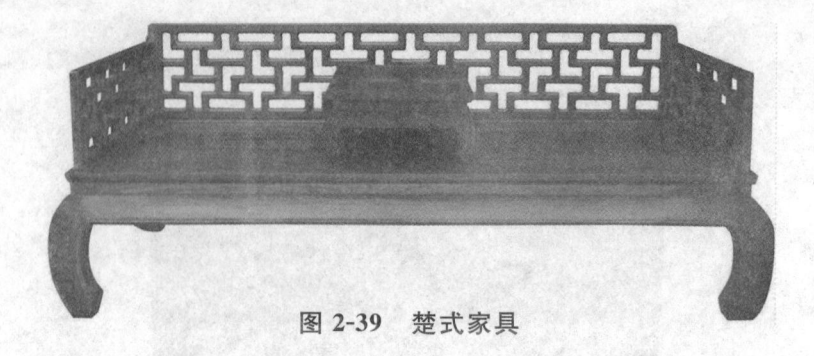

(二)汉魏的室内设计

汉朝建筑的室内设计综合运用了绘画(图 2-40)、雕刻和文字等作各种构建的装饰,装饰的花纹题材大致可分为人物纹样、几何纹样、植物纹样和动物纹样四类。这些纹样以彩绘与雕、铸等多种方式应用于室内的各种细节上,如地砖、梁、柱、斗拱、门窗、墙壁、天花和屋顶等处。

图 2-40　汉代画像石

魏晋南北朝时期建筑材料发展主要体现在砖瓦的产量和质量的提高,并且有了金属材料的运用。室内家具的最大变化表现在起居用的床榻加高加大,变成了既可躺又可垂足坐于榻沿(图

2-41),有的榻上还会出现倚靠用的长几、半圆形的曲几,甚至各种形式的高坐具。

图 2-41　床榻

(三)隋唐时期的室内设计

隋唐时期,家具工艺更接近自然和生活实际,室内墙壁上往往绘有壁画,彩画构图的装饰纹样常以花朵、卷草、人物、山水、飞禽走兽等现实生活为题材,图案欣欣向荣、五彩缤纷。唐朝是中国历史上最辉煌的朝代,在图2-42中描绘的画面是盛唐时期的景象。

图 2-42　敦煌壁画 130 窟

隋唐家具的基本造型种类，奠定了我国后世家具的基本形态和种类。屏风在唐代使用广泛，屏面装饰盛行将书画与屏风相结合，用精致的工艺手段雕刻、装饰在屏风上，成为室内陈设艺术的重点。在南唐宫廷画院顾闳中的《韩熙载夜宴图》及周文矩的《重屏会棋图》（图2-43）中可以看出唐代已出现造型成熟的几、桌、椅、三折屏、宫灯、花器等软装饰家具及摆件饰物，对于空间的把握处理得十分严谨。

图2-43　[南唐]周文矩《重屏会棋图》

（四）宋朝的室内设计

宋朝进入到理性思考的阶段，在哲学上尊崇道教，倡导理学。宋代家具一改唐代宏博华丽的雄伟气魄，转而呈现出一种结构简洁工整、装饰文雅隽秀的风格。无论桌椅还是围子床，造型皆是方方正正、比例合理，并且按照严谨的尺度，以直线部件榫卯而成，外观显得简洁疏朗（图2-44）。

从图2-45和图2-46中可以发现将室内的家具搬到室外来使用是这一时期常见的使用方式。

第二章 室内设计的风格与发展

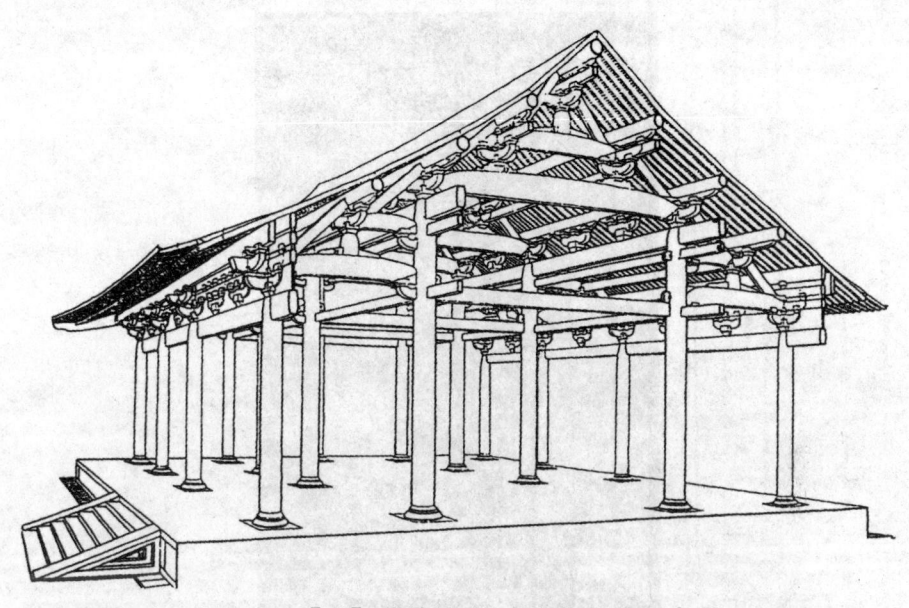

图 2-44 [宋]《营造法式》大木作制度示意图

图 2-45 [宋]刘松年《撵茶图》局部

图 2-46 [宋]赵佶《听琴图》局部

(五)明清的室内设计

进入明清时期后,在软装饰家具方面有了重大突破,由坐卧式家具,过渡到各种造型的椅子及高桌,并在家具的雕琢装饰工

第二章 室内设计的风格与发展

艺上大下工夫,因此明清时期的家具形成了今天中国传统的古典家具的典型代表,成为中式古典装饰风格中最具代表性的设计元素。

由于家具在室内陈设艺术中扮演着越来越重要的角色,明代家具成为历史上最为辉煌的代表,这时期的家具在材料的选择上十分合理,既发挥了材料性能,又充分利用和表现出木质本身色泽与纹理的美观,在框架式的结构造型上,也符合力学原则,结构与造型互相因借而形成优美的主体造型和轮廓,雕饰多集中于一些辅助构件上,在不影响坚固的前提下,取得重点装饰的效果。清代的家具继承了明代的传统,但是从艺术成就看,清式家具不如明式家具。

明清的室内家具布置大都采用成组成套的对称方式,力求严谨划一。对称摆放的橱、柜(图 2-47)、书架,辅以书柜、挂屏、文玩、盆景等小摆设,达到典雅的装饰效果(图 2-48)。南方的室内装饰风格以江南私家园林为代表,在厅堂室内用罩、隔扇、屏门等自由分隔,使得室内空间具有似分又合的感觉。博古架和书架兼有家具与隔断的作用,其中的花格也有多种组合形式,格内可以

图 2-47 明代描金漆药柜

随主人的爱好和习惯进行摆设,使得室内空间形成既有分隔又有联系的艺术效果。北方则以北京四合院为代表,室内设炕床取暖,室内外地面铺方砖,室内按照生活需要,进行空间划分,上部装纸顶棚,构成了丰富、朴素的艺术效果。

图 2-48 拙政园室内陈设

(六)近代的室内设计

近现代中国的软装,则是进入了混沌纷乱状态。清代晚期自道光以后,受外来文化的影响,家具造型开始向中西结合的风格转变,改变了明清家具以床榻、几案、箱柜为主的模式,引进西方的沙发、梳妆台、挂衣柜等家具摆设,丰富了家具和软装饰品的品种,这种设计的风格是对传统古典家具式样的猛烈冲击(图 2-49)。

中国在近代时期留下的设计遗产大致有三类。

(1)中国传统建筑室内的结构以木架梁柱为基础,这种室内空间的形式,是中国建筑经历了数千年的发展完善,才形成的中国传统风格样式。

20 世纪的二三十年代,中国的一些建筑师出于爱国主义和民族自尊心,在设计界积极开展探索中国"民族形式"建筑的创作活

第二章 室内设计的风格与发展

动,努力汲取民族形式传统手法,注意运用近代新建筑材料和新技术。这一时期建造了较大规模的公共建筑,提倡"中国固有形式"建筑,从而相继出现了称为"宫殿式"的建筑室内形式,比如南京的中山陵祭堂的室内设计(图2-50)。

图 2-49　近代的室内设计

图 2-50　南京中山陵祭堂

(2)仿中国古典折中主义建筑的室内设计。在20世纪30年代,中国建筑界的中、外建筑师曾一度出现以追随和抄袭西方古典建筑手法为流行。在一批西方古典主义建筑作品出现的同时,许多设计师也设计出来折中主义的作品,这些作品体现在一些国外留学、受到学院派设计教育、设计思想带有浓厚的仿古典式的折中主义色彩的中国建筑师身上。

该时期的室内设计在上海、天津、南京等地区留下一些作品,其室内设计大多是在现代建筑和整体设计的基础上,在其中点缀中国木构零件,以及运用传统色彩、纹样线脚变化等来取得与传统的联系(图2-51)。这些作品具有中国传统样式的不同程度的特点。

图 2-51 上海和平饭店

(3)近代中国西洋建筑、室内设计在20世纪20年代末至30年代是欧美各国进入"现代建筑"的活跃发展和传播时期,在这时的中国一些大城市开始出现近代的西洋建筑的设计,建筑上运用钢和钢筋混凝土结构,城市整体面貌发生了改变。

上海新汇丰银行大厦(图2-52)、百老汇大厦、北京西交民巷

第二章 室内设计的风格与发展

外国官邸,大连火车站,以及各大城市的西洋式住宅等都反映了一次大战后西方建筑室内逐步走向成熟阶段的设计水平。

图 2-52 上海新汇丰银行

二、国外室内设计的历史发展

(一)古代室内设计

国外的古代设计最早可以追溯到古埃及文明的时期,同时还有稍晚于它的古希腊、古罗马,这些国家都是具有古老装饰艺术代表性的地区。我们从现在的古埃及神庙和陵墓中可以看到精美壁画(图 2-53)、雕刻精致的家具。古希腊是西方历史的起源,产生了光辉灿烂的希腊文化,室内环境注重明媚、浓艳与精美,古希腊文明对后世的深远影响表现在古希腊灭亡后,由古罗马人破坏性地延续下去,从而成为整个西方文明的精神源泉;古罗马帝国好战,有着奴隶主贵族庸俗的审美观,这些特殊的因素都成为古罗马人追求奢华的生活方式的源头(图 2-54),罗马庞贝城宽敞的居室空间里充斥着华丽的帷幔、壁龛以及精美的壁画、雕像和花瓶就体现着这种观点。

图 2-53　古埃及艾尔涅夫法老墓壁画

图 2-54　古罗马万神殿

第二章 室内设计的风格与发展

(二)中世纪的室内设计

中世纪,拜占庭文化体现出强烈的波斯王朝的特色,色彩斑斓的马赛克(图2-55)、发达的丝织品用来装饰空间、分割空间,哥特时期的室内环境受哥特建筑的影响,以基督教堂最具代表性,尖券、束柱、基督教题材的绘画等元素出现在家具样式和室内帷幔装饰中(图2-56)。文艺复兴时期,室内设计从宗教回到了人们的世俗生活,绘画艺术作为重点被装饰在墙面和天花板中,家具和悬垂的帷幔更多地反映了以人为本的观念(图2-57)。

图 2-55 马赛克拼贴壁画

文艺复兴促使了欧洲文化、艺术的空前发展,人们在早期文艺复兴的样式上加以变形,将绘画、雕刻等复杂工艺运用于装饰和艺术品,用材昂贵、装饰烦琐、感官奢华,形成了"巴洛克风格"然而一些贵族不满于巴洛克的庄重、严肃,认为室内装饰应该再细腻柔美一些,于是"洛可可风格"兴起了,这一时期的室内陈设充满了女权色彩及浓郁的脂粉味,对浪漫、唯美的盲目追求,为装饰而装饰,决定了它只能为少数贵族服务,洛可可风格的辉煌转瞬即逝。

图 2-56　巴黎圣母院

图 2-57　佛罗伦萨教堂穹顶《最后的审判》

　　文艺复兴时期巴洛克开始进入法国和英国时,很少有建筑师对他们设计的建筑的内部装修表示关心,大规模的室内设计工程经常落在专业的手艺匠人手里,他们师承意大利建筑师的雕刻艺术。
　　赞助人为推动中世纪室内设计和建筑设计的发展起了重要

第二章 室内设计的风格与发展

作用。这一点在法国体现得尤为明显,法国国王亨利四世让手艺匠人受皇室保护,如弗朗索瓦·芒萨尔(Francois Mansart)、路易·勒沃(Louis Le Vau)和夏尔·勒布伦(Charles Le Brun)等这样的建筑师。勒布伦接手勒沃在凡尔赛宫设计的房间,把它们改造得异常华丽,他可能是历史上首位全面的室内装潢师(图2-58)。优雅舒适的法国室内设计风格原本只为贵族打造,后来却得到了广泛认可并影响了瑞典等其他欧洲国家。在荷兰,为适应异军突起的中层阶级需求,出现了较为朴素的法国设计风格。

图2-58 凡尔赛宫镜厅

到17世纪末,斯图亚特王朝在英国复辟,查理二世和他的朝臣倾心于欧洲大陆巴洛克风格,随后的统治者奥兰治家族的威廉和玛丽让英国风更加印上了大陆风的影子。通过皇室联姻,奥兰治家族的公主们把她们对镜子、瓷器和漆器等装饰细节的热忱传遍英国。

威廉和玛丽委任颇具才气的丹尼尔·莫洛托(Daniel Marot)

室内设计方法与细部设计

负责汉普顿宫的部分室内设计工作。莫洛托当时为躲避宗教迫害而逃至英国,之前他一直为法国宫廷效力。在这里,莫洛托像勒布伦曾经做过的一样,成功地把室内设计跟装饰结合起来。莫洛托设计的室内风格十分连贯,他的作品至今仍可见到。

"三十年战争"是历史上第一次全欧洲的战争,推动了欧洲近代史的产生,同时让西班牙和德国都付出了惨重的代价,战争期间两国的建筑少有成就。当它们的经济复苏,建筑又开始发展时,风格上已发生了很大的变化。早期的德国巴洛克建筑仍带有意大利的印迹,但逐渐地,南部德国和奥地利都出现了一种复杂多变的本土风格。17世纪西班牙建筑的特点之一是表面修饰十分绚丽,比如位于瓦伦西亚的圣地亚哥大教堂和多斯·阿瓜斯宫的正面设计;但朱瓦拉(Filippo Juvarra)设计的马德里皇宫(图2-59)和圣伊尔德丰索宫(Royal Palace of La Cranja)都深受更严

图 2-59 马德里皇宫

第二章 室内设计的风格与发展

谨的法国巴洛克风格的影响,设计得较为朴素。

(三)18世纪的室内设计

从18世纪初期到中叶,由于厌恶宫廷生活的死板,渴望自由随意,在法国巴黎出现了洛可可艺术风格。这种纤弱娇媚、华丽精巧的洛可可建筑风格中的室内设计尤其依赖手艺匠人的巧手能工。洛可可风格受到欧洲贵族们和外国统治者的吹捧,连皇室也在关键建筑项目的建造和装饰上征询法国建筑师的意见。尤其德国把洛可可带回了首都,在约翰·巴尔萨萨·诺伊曼(Johann Balthasar Newmann)等建筑师的带领下设计了大量异常繁饰的宫殿和教堂(图2-60)。在西班牙,建筑师们在各自的作品中吸收了法国洛可可风格的元素,但是又以此为基础创作出独特的地域风格。

图 2-60 德国威斯教堂

18世纪的另一个重要事件是帕拉第奥风格在英国的复兴。

帕拉第奥风格的起因是建筑师伯林顿爵士（Lord Burlington）的一次意大利之旅，这次旅程中他带回了16世纪威尼斯古典建筑师帕拉第奥（Andrea Palladio）的雕刻手稿。该风格随后经过改造，在帕拉第奥设计原则的指导下使用较为保守的巴洛克装饰，从而达到迎合英格兰人品味的效果。这种风格的融合主要受威廉·肯特（William Kent）的影响，他的室内设计作品诺福克的霍顿大厅（Houghton Hall）等体现出他不但是一名颇具才华的建筑师、家具和园林设计师，而且是一位杰出的室内设计天才。

新古典主义风格的主要倡导者之一是罗伯特·亚当（Robert Adam），他主张把室内设计当成建筑设计的一个内在部分，甚至亲自设计搭配天花板的地毯。来自早年在法国和意大利受教育的灵感，亚当特别擅长从古老风格中获取创意。新古典主义风格以理性见长，具体特征为简单的几何图形、平坦的直线设计和希腊罗马装饰。作为对极端洛可可风格的反抗，它兴起于18世纪50年代的欧洲，并从法国传播到西班牙、荷兰、德国和斯堪的纳维亚半岛。德国一个有名的新古典主义设计师是卡尔·弗雷德里希·申克尔（Karl Friedrich Schinkel），他在柏林设计了几座有影响力的建筑，它们包括老博物馆、国家剧院和皇家卫队建筑。在美国，新古典主义室内设计受到海普怀特（George Hepplewhite）和齐本达尔（Thomas Chippendale）等设计师的建筑风格花样书，特别是家具花样书的影响最大。新诞生的美利坚合众国的第三位总统托马斯·杰弗逊喜欢简单的古典形式，他为弗吉尼亚州蒙蒂塞洛自家房屋的设计即是采用此种风格（图2-61）。

继1798年的尼罗河战役之后，拿破仑皇帝的威望在法国达到了鼎盛。作为一名罗马帝国艺术的仰慕者，拿破仑不遗余力地在法国鼓励艺术建设，也给财富新贵们树立了一个好的赞助人榜样。他聘请建筑师夏尔·柏西埃（Charles Percier）和皮埃尔·弗朗索瓦·伦纳德·丰丹（Pierre-Francois-Leonard Fontaine）来设计皇室宫殿，两人不负所望地设计出别具一格的帝国风格，这些室内设计以许多帐篷风格的悬挂为特征，另外有影射拿破仑战争

第二章 室内设计的风格与发展

和军事运动的装饰,图 2-62 中的室内设计就是柏西埃和丰丹为拿破仑设计的。通过他们合著的《室内装饰集》,使他们的设计作品产生了国际影响力。

图 2-61 托马斯·杰弗逊的厨房

图 2-62 巴黎马尔迈松室内布景

(四)19 世纪的室内设计

进入 19 世纪,风格之争在整个欧洲和美国引起了大量的室内设计和建筑热潮。虽然建筑师仍然引领建筑潮流,推出让人眼花缭乱的建筑风格,但室内装潢师则在室内装潢方面大显身手。对复杂、零乱的室内设计风的反抗导致了对简约、淡雅风格的回归。19 世纪还迎来一系列的改革运动,比如英格兰的工艺美术运动着重追求简洁的设计风格、高质的装饰材料、手工技能、传统工艺和优美的住宅环境等。威廉·莫里斯(William Moms)是此运动中的一盏明灯,他亲手设计了自己的纺织品、墙纸和家具(图2-63)。

图 2-63　威廉·莫里斯设计绿色餐厅

19 世纪末,欧洲出现了一种别致而装饰复杂的风格,后来人们把它称为新艺术。凭借非对称的曲线形式,它影响了比利时、

第二章 室内设计的风格与发展

奥地利、德国、意大利和西班牙等国家的建筑和室内设计风格。

美国兴起的折衷主义古典建筑风格标志着 19 世纪室内设计新的重大发展。这种风格以曾在巴黎古典艺术学院受过训练的众多美国建筑师命名,兼收许多古风,同时又以舒适和谐作为最主要的设计原则。奢华的室内装潢开始装上机械通信设备、高科技浴室和厨房、电梯和电路系统。从这时候起,室内设计师和建筑师不得不具备在设计项目中整合新科技的能力。

(五)20 世界的室内设计

20 世纪初,新技术、新材料、新工艺给建筑和室内设计带来了划时代的革新,伴随着工业革命,世界文化进入到一个新的时代。当人们对日益繁琐的装饰感到厌烦时,事物就向着相反的另一面进行。

装饰艺术(Art deco)是 20 世纪两次世界大战之间风靡起来的一种刻意反常的艺术风格。它的名字起源于第一届装饰作品展,即 1925 年在巴黎举行的"现代工业装饰艺术国际博览会"。承蒙室内设计师让·米歇尔·福兰克(Jean Michel Frank)、保罗·布瓦列特(Paul Poiret)和室内设计师兼家具设计师艾琳·格瑞(Eileen Gray)的作品展出,令巴黎在 20 世纪初期成为一个伟大的设计中心。20 世纪 20 年代晚期和 30 年代,现代主义从包豪斯蜕变出来,并取代了装饰艺术。包豪斯是由沃尔特·格罗皮乌斯(Walter Gropius)创立的颇具影响力的德国设计学派,后来由建筑师密斯·凡·德·罗(Mies Van tier Rohe)主持(图 2-64)。包豪斯设计风格倡导利用最少色彩、修饰和建筑特征的功能主义,其成功需要相当多的设计技巧。

随着 20 世纪继续向前,一座建筑物的建筑设计与室内设计之间的差异变得越来越明显。专业室内装潢师的出现确实成为 20 世纪的一项革新,家庭装修也越来越成为休闲时光里人们爱干的一件事情。许多这些早期的室内装潢师属于贵族成员,他们瞥见机会,利用自身对精品生活的品味和知识帮助新兴富人装饰房屋，因为新兴富人虽然承担得起奢华生活的费用，却急需装修方面的指导。在美国，埃尔西·沃尔夫(Elsie de Wolfe)作为首批知名的女性室内装潢师之一，引领当时的设计时尚。

图 2-64　密斯·凡·德·罗设计的范斯沃斯住宅

　　第二次世界大战使得整个欧洲建筑师和设计师的繁荣时期戛然而止，此停滞持续了 20 多年之久。这段时间之后，英国室内设计师比如约翰·福勒(John Fowler)、南希·兰卡斯特(Nancy Lancaster)等凭借他们拘谨时尚的设计才能，设计了许多重要的乡村住宅。20 世纪后半叶，后来知名的"乡村住宅样式"迅速发展成异常成熟的印花棉布风，室内设计师安·格拉夫顿的室内设计就代表了英格兰风格的精华和现代英国乡村风格(图 2-65)，并且此风格在美国尤其受到欢迎。60 年代有一小段时期重返某些古典设计原则和样式，这是由大卫·希克斯(David Hicks)的优雅设计风发动而起的。更为简约和功利的设计风格的顶尖设计师之一是英国设计师兼餐馆老板特伦斯·康兰(Terence Conran)，此风格的影响以全球化的势态延续至 21 世纪。

第二章　室内设计的风格与发展

图 2-65　英国乡村风格

第三节　室内设计的未来发展趋向

一、室内设计的发展现状

在全球对环境意识逐渐觉醒的今天，人们开始渴望自身价值的回归，这就需要我们的软装饰设计以人为本，配合室内环境的总体风格，利用不同装饰物所呈现出的不同性格特点和文化内涵，使空间充满情趣和动态。

21世纪的软装饰设计行业将朝着人性化、个性化、新颖化、精细化的目标迈进，这就需要软装饰设计师具备全面的综合素养。希望通过本教材的引导，让学员们对室内设计，对家具陈设、灯光环境设计、植物配置、饰品点缀、布艺装饰、色彩搭配等各个软装饰设计所涉及的方面,以及这些软装饰产品在市场上的价格、风格、尺度、系列……有一个全面的了解,把握行业发展的主流趋势,成为一个出色的室内软装设计师。

室内设计业的实际操作必须在过去的50多年里发生剧变才可跟得上今日之标准。曾经只是作为有才能、有创造力的业余爱好者发挥余热的天地,现在它俨然已是一门正当职业,要求从业人员不但得有创造天赋,掌握科技知识,还必须具备处理一个设计项目方方面面的能力。当前我们可以看到这样一批室内设计师、建筑师异军突起,他们把空间的使用最大化,采用新颖的装饰材料和饰面。还能把现代生活中所必需的高新科技整合进来。

为了不断供给这样的人才,室内设计教育、培训、资格认证和室内设计联合会的发展在近年来一直有飞跃性进步。对于某些国家,室内设计行业的发展仍有一段路要走,因为该行业正处于两极分化的状况:在一些国家和地区(比如美国的大部分地区),它已经变得成熟,得到高度组织并具有繁荣发展的潜力;而在其他更偏僻、发展缓慢的国家和地区,它几乎尚未有存在的痕迹。虽然欧洲大部分国家的这个行业正在迅速赶上美国,并且该行业也正得到更严肃的对待,但偏见依然存在,许多人认为室内设计比较无聊和琐碎,它的从业人员大多为女性或者同性恋者。在一些地方,室内设计师的发展空间受到他们本身业余技能的制约。目前,室内设计只是广泛存在于都市当中,大城市的人们往往会错以为城市之外的室内设计业也受到了同样的重视。

二、室内设计的未来发展

(一)室内环境的舒适性

室内软装饰设计的主要目的就是创造舒适美观的室内环境。现代的软装饰开发和设计,使人们并不需要在"美观"与"舒适"中

第二章 室内设计的风格与发展

做出取舍,因此使得舒适性越来越受到重视。软装饰的舒适性,需要设计师科学地了解人的生理、心理特点、视觉感受以及行为习惯等,同时也需要熟悉各种材料的特征,尽可能地使室内软装饰为人们提供更舒适的环境。

(二)多元化

因为空间格局受到功能和结构的限制,空间的个性需要在软装饰中体现,所以装饰的多元化也是现代室内软装饰的发展趋势。设计师不仅要对空间的格局、周边环境、功能定位进行了解,也需要对具体的人从年龄、性别、文化素养、兴趣爱好等诸多方面做较全面的研究。

(三)个性化与人性化的加强

营造理想的个性化、人性化环境,是现代居室设计的创作原则,这一点在软装饰设计上体现得更加强烈。主人一件收藏多年的饰品、一件DIY(自己动手做)作品,都可以营造出个性化的文化品位,避免千篇一律的风格,满足其精神追求。

(四)生态化显著

科学家提出了人类未来城市是"森林城市""山水城市"的设想,人与自然的和谐将是未来世界整体设计发展的必然趋势。现代人在高节奏的形式下,最好的方式就是回归自然,这体现了一种绿色健康、生态环保的理念。尽量运用最本质的设计元素和天然原料,将室外的自然环境引入室内,为室内注入生态景观元素,使人们坐在沙发上就能感觉与自然的亲密接触。

同时,亲切、温馨的乡村风格和田园风格很受欢迎。木、石、棉麻及一些乡土材质的运用使得空气中仿佛弥漫着泥土的气息。

(五)重视民族传统风格

在未来的流行趋势中,民族特色的应用是一个永恒的话题。

它不仅受到中老年人的喜爱,也受到年轻人的青睐。具有民族特色的家居饰品层出不穷,使人的身心得到传统文化艺术氛围的陶冶,满足人的精神需求。

第三章 影响室内设计的学科

室内设计并不是一门单一的学科,设计师在进行空间布局和装饰方案的过程中必须要考虑到空间环境与人的关系,因此,人体工程学与环境心理学是影响室内设计的两门重要学科。本章即从室内设计的研究角度出发,对人体工程学与环境心理学在室内设计中的地位与作用进行分析研究。

第一节 人体工程学

室内设计的主要目的是要创造有利于人身心健康、安全舒适的工作、生产、生活的良好环境。而要想真正创造一个标准化、合理化的室内环境,就必须依据科学的数据使室内空间尺度、家具尺度以及室内环境诸因素符合生活的需要,从而达到有效提高室内使用功能的效果。而人体工程学正是为这一目标服务的系统学科,因此,室内设计师必须掌握人体工程学的相关知识,将其运用到设计实践中,从而创造出理想的人居环境。

一、人体工程学的概念

人体工程学是以人、物、环境作为研究对象,分析它们之间的相互关系、相互影响的学科。由于其学科内容的综合性、涉及范围的广泛性以及学科侧重点的不同,学科的命名和界定也各有不同。美国通常称之为人类因素学、人类工程学,而西欧国家多称之为工效学。

  人体工程学起源于欧美,作为独立学科其已有 40 多年的历史。在第二次世界大战中,为了发挥武器效能,减少操作事故,开始将人体工程学的原理和方法运用到坦克、飞机的内舱设计中,让人在舱内更有效地操作和战斗,减少人员在狭小空间的疲劳感,从而很好地改善了人—机—环境之间的关系。

  第二次世界大战后,人体工程学的实践和理论研究成果,被有效地应用到空间技术、工业生产、建筑及室内设计中去,1961 年创建了国际人类工效学联合会。

  时至今日,人体工程学强调从人自身出发,在以人为主体的前提下研究人的衣、食、住、行以及一切生活、生产活动中综合分析的新思路。

二、人体尺度

(一)静态尺寸

  静态尺寸是指被测者在固定的标准位置所测得的躯体尺寸,也称结构尺寸。人体的静态尺寸是室内家具尺度的重要依据,同时也是室内设计中空间尺度的参考依据。室内房间、窗台、墙裙的高度,门的高度与宽度,楼梯的宽度,踏步的高度与宽度,栏杆的高度,扶手的线型等,都离不开人体结构的尺度。图 3-1 所示为需要测量的各个人体的静态位置,表 3-1 所示为人体各部位的静态尺度。

表 3-1 人体各部位静态尺度

序号	项目	成年男性(尺寸:mm)	成年女性(尺寸:mm)
A	身高	1700	1600
B	肘部高度	1079	1009

第三章 影响室内设计的学科

续表

序号	项目	成年男性(尺寸:mm)	成年女性(尺寸:mm)
C	眼睛高度	1573	1474
D	垂直手握高度	2148	2034
E	最大人体宽度	420	387
F	扩展手臂平伸拇指梢距离	1050	984
G	侧向手握距离	843	787
H	手臂平伸拇指梢距离	889	805
I	两腿分叉处高度	840	779
J	最大人体厚度	200	200
K	坐着时垂直伸够高度	1211	1147
L	肩宽	420	387
M	坐着时肩中部高度	600	561
N	肘部平放高度	243	240
O	臀部宽度	307	307
P	坐着时的眼睛高度	1203	1140
Q	坐高	893	846
R	臀部—足尖长度	840	840
S	臀部—膝部长度	486	461
T	臀部—膝盖部长度	585	561
U	大腿厚度	146	146
V	膝盖高	523	485
W	膝高度	439	399
X	臀部—脚后跟长度	1046	960

室内设计方法与细部设计

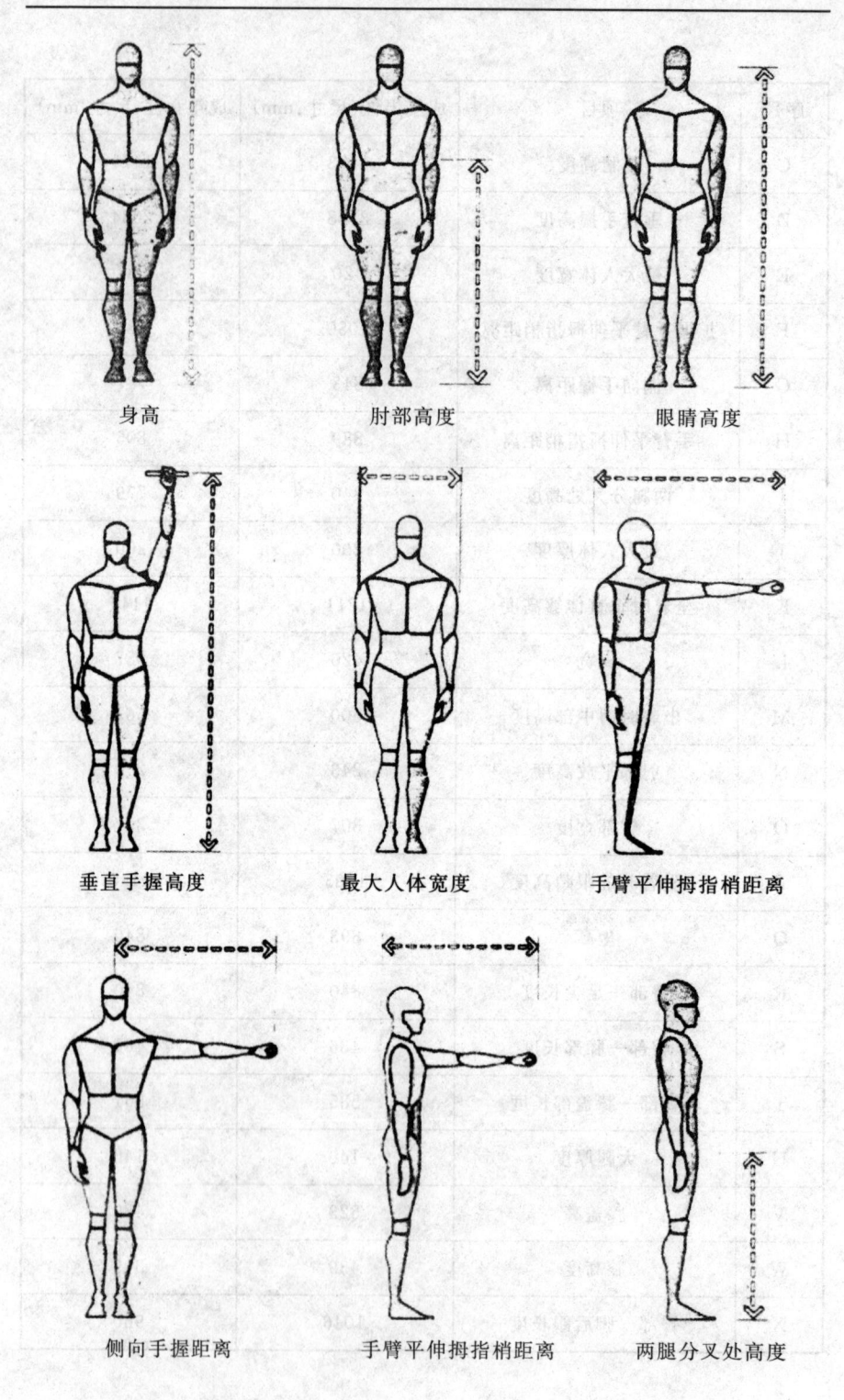

身高　　　　　肘部高度　　　　眼睛高度

垂直手握高度　　最大人体宽度　　手臂平伸拇指梢距离

侧向手握距离　　手臂平伸拇指梢距离　　两腿分叉处高度

· 74 ·

第三章 影响室内设计的学科

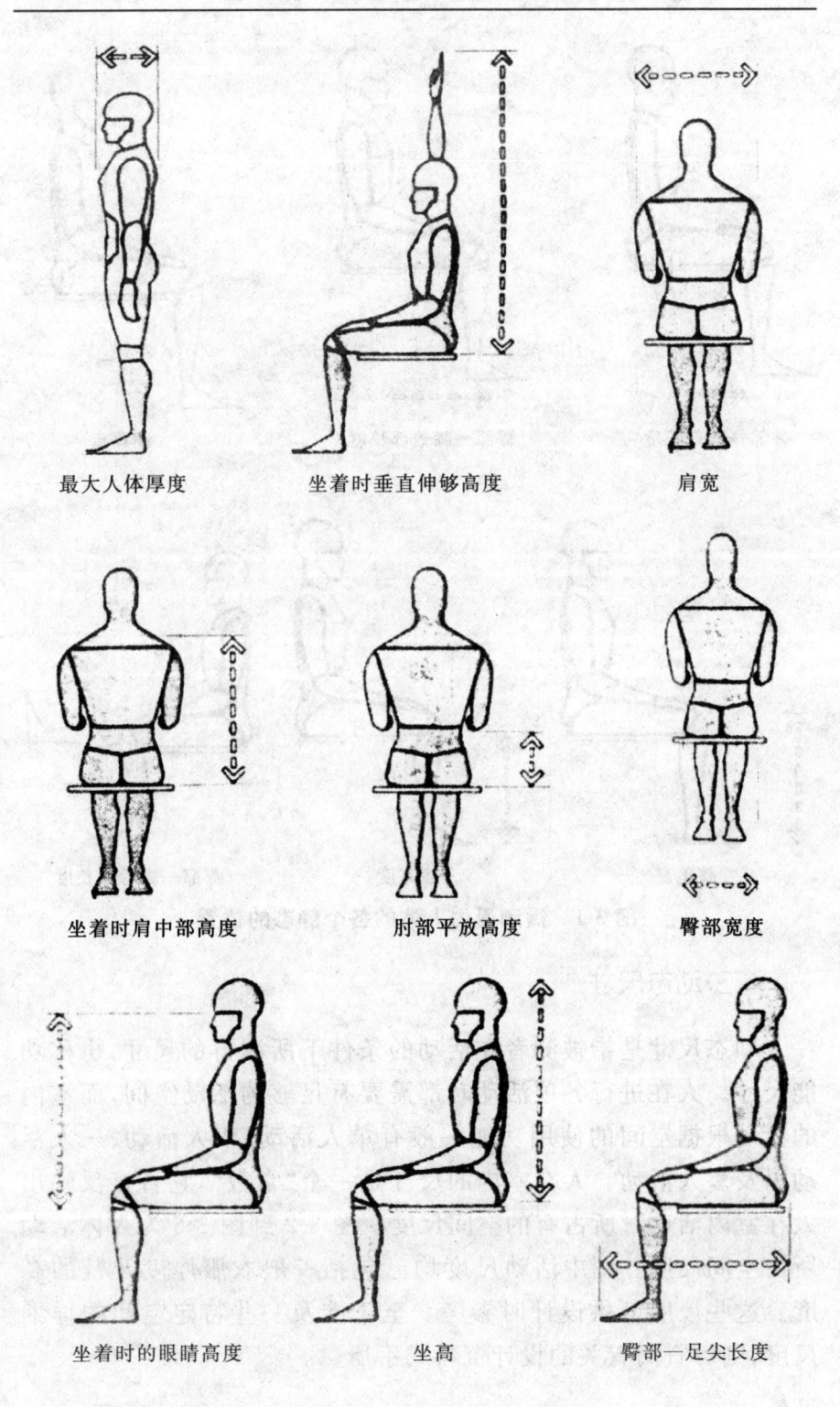

最大人体厚度　　坐着时垂直伸够高度　　肩宽

坐着时肩中部高度　　肘部平放高度　　臀部宽度

坐着时的眼睛高度　　坐高　　臀部—足尖长度

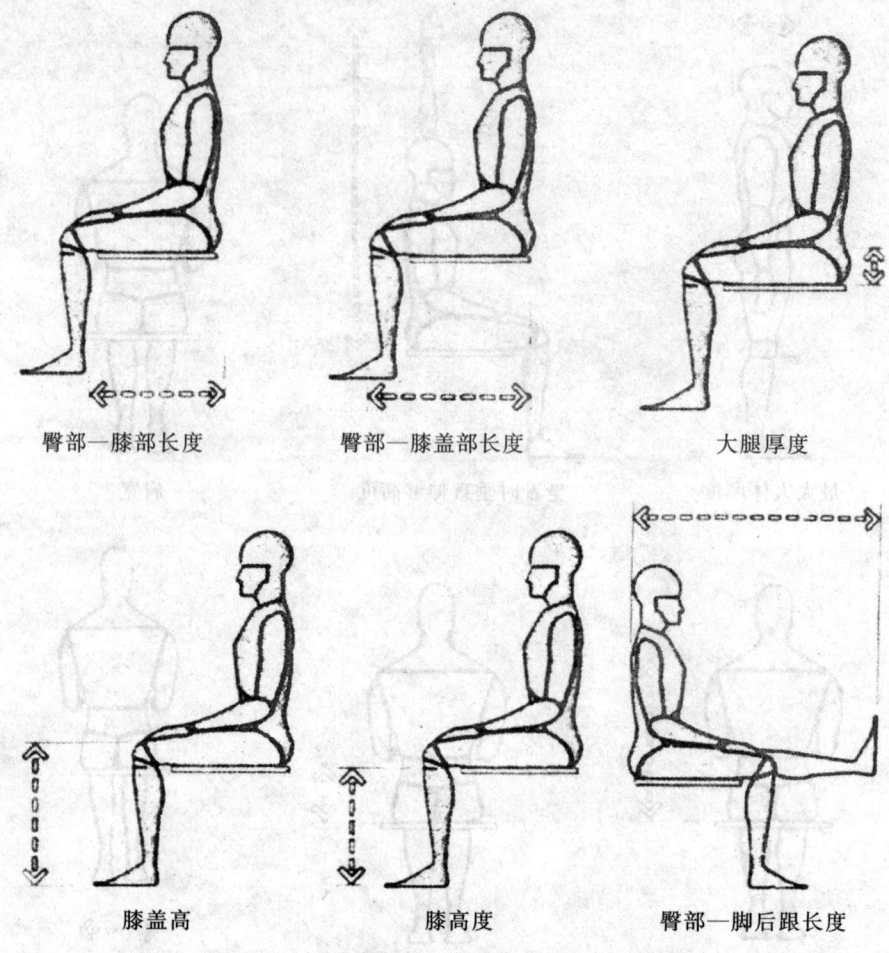

臀部—膝部长度　　　　臀部—膝盖部长度　　　　大腿厚度

膝盖高　　　　　　　　膝高度　　　　　　　　臀部—脚后跟长度

图 3-1　需测量的人体的各个静态的位置

(二)动态尺寸

　　动态尺寸是指被测者在活动的条件下所测得的尺寸,也称功能尺寸。人在进行各项活动时都需要有足够的活动空间,而室内的活动根据空间的使用功能一般有单人活动、双人活动、三人活动以及多人活动。人在室内的尺寸是一个"常数",它直接反映出人在室内活动时所占有的空间尺度。图 3-2 到图 3-6 为人体活动所占空间尺度。图中活动尺度均已包括一般衣服厚度及鞋的高度。这些尺度可供设计时参考。至于涉及一些特定空间的详细尺度,则可查阅有关的设计资料或手册。

第三章 影响室内设计的学科

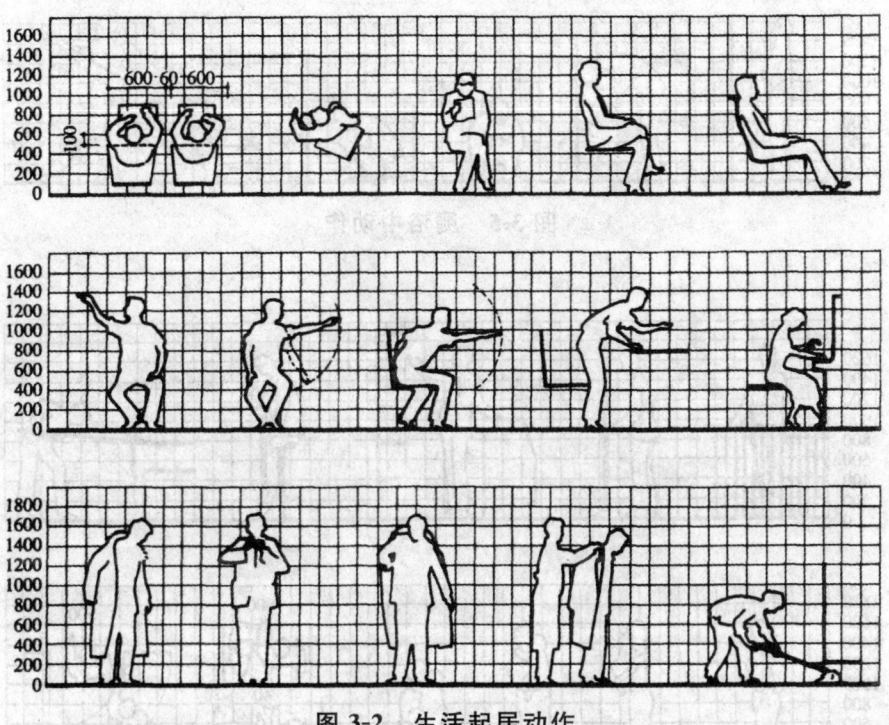

图 3-2 生活起居动作

图 3-3 存取动作

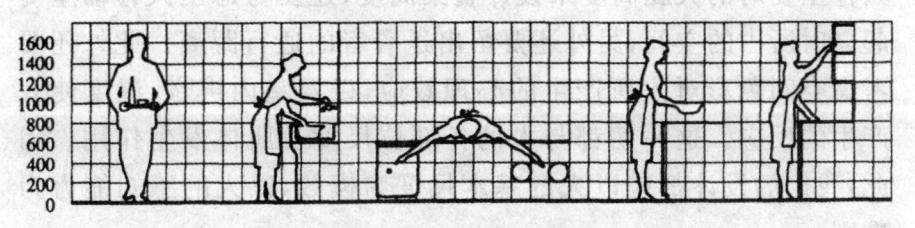

图 3-4 厨房操作动作

图 3-5　厕浴中动作

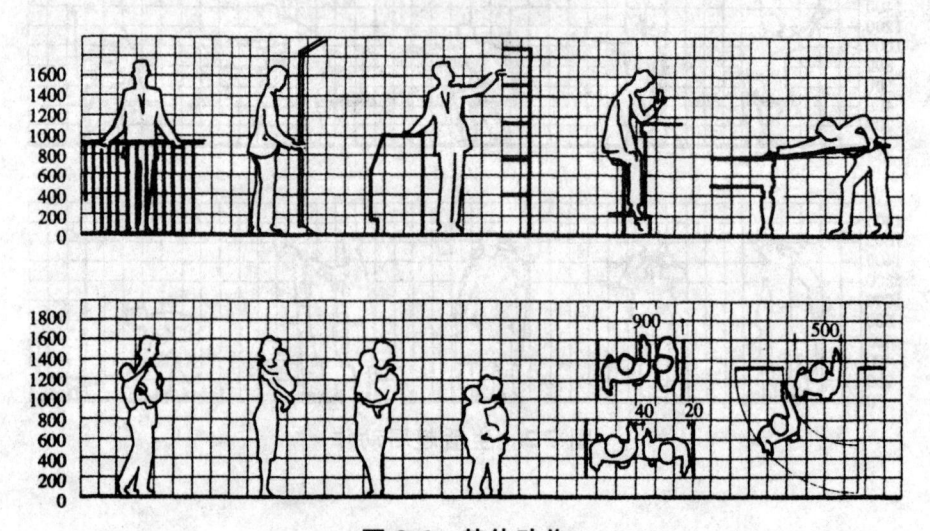

图 3-6　其他动作

三、人体工程学在室内空间中的作用

在进行室内设计时，室内设计师必须要依据人体的尺度对空间尺度、家具尺度等进行设计。例如在餐厅，双人就餐时要根据人体坐姿时的大腿高度来设计餐桌高度，还要考虑当人移动座椅起立时所占的空间，另外还要留出送餐者的通行距离。此外还要考虑空间色彩对人所产生的心理效应，以及室内声音、湿度使人产生的反应。这一切都与人的各部位尺度及肌体发生作用。因此，我们的设计都应以人的基本尺度为模数，以人的感知能力为准则。

第三章 影响室内设计的学科

（一）为确定人在空间的活动范围提供依据

相关人员根据人体工程学中的有关测量数据，结合空间的使用功能（住宅、办公室、餐厅、商场等），以人体尺度、活动空间、心理空间以及人与人交往的空间等因素为依据，确定空间的合理范围。如图3-7所示，在公共办公空间要依据双人通行的尺寸确定各排办公桌椅间的距离。

图 3-7　公共办公室

（二）为确定家具尺度及使用范围提供依据

不管是坐卧类家具还是储藏类家具都应该是舒适、安全、美观的，因此它们的尺度必须依据人体的功能尺寸及活动范围来确定，以满足人们的生理、心理要求。同时，人在使用这些家具的时候，周围必须留有充分的活动区域和使用空间。例如，写字台与座椅之间必须留有足够的空间，以便使用者站立与活动。而餐桌与餐椅之间除应留有基本的活动空间外，还要为上菜者和其他通行的人留有适当的空间。这些都要求设计师严格按照人体工程学中的人体尺度来进行设计。

（三）提供适应人体的室内物理环境的最佳参数

室内物理环境主要有室内热环境、声环境、光环境、辐射环境等。设计师在了解这些参数后,可以做出符合要求的方案,从而使室内空间环境更加舒适、宜人。

以上讨论了室内设计与人体工程学的关系,同时给出了人体在静止与活动时的一些常用数据。除此之外,设计师在进行室内设计时还应该注意以下两个问题,即哪类尺寸按较高人群确定,哪类尺寸按较矮人群确定。

尺度按较高人群确定的包括:门洞高度、室内高度、楼梯间顶高、栏杆高度、阁楼净高、地下室净高、灯具安装高度、淋浴喷头高度、床的长度。这些尺寸一般按男性人体身高上限加上鞋的厚度确定。

尺度按较低人群确定的包括:楼梯的踏步、盥洗台的高度、操作台的高度、厨房的吊柜高度、搁板的高度、挂衣钩的高度、室内置物设施的高度。这些尺寸一般按女性人体的平均身高加上鞋的厚度确定。

四、以人为本的室内设计

现代室内设计以人为中心,从人的因素来考虑与人有关的一切行为,并为这些行为提供最美好的条件。21世纪的室内设计更加注重"以人为本,物为人用"的人本理念,注重创造高效、科学、美感的人性环境。室内设计应尽力满足人们生活、活动的各种空间要求以及抒发情感的心理需求。

(一)视觉

舒适恬静并富有个性的室内设计一直为人们所爱。现代居室应以心理学和行为学为设计依据,探讨人与环境的最优化,室内的装饰设计应该配合空间视觉效果,以崇尚简洁、摒弃烦琐、贴近绿色为设计宗旨。设计应维护有序的布局,高效的动线,无论是整体还是局部,都能通过人眼的视野,传递给人们完美的视觉享受。如图3-8所示,鲜艳的红黄蓝色软装饰,在白色灯罩、墙面

第三章　影响室内设计的学科

的烘托下显得分外悦目。醒目的色彩搭配、质感的对比，创造了典雅静谧的独特美感。图 3-9 中的居室造型新颖、自然清新的冷暖色彩组合成床艺品，增加了卧室视觉的冲击力。

图 3-8　室内设计

图 3-9　居室设计

当人们看到有序的布局、新颖的造型、悦目的材质、和谐的色彩、适宜的图案以及动人的光影等情景，便会产生愉悦的快感，进而调动人的激情，引人联想，并从中受到文化品味的陶冶。以书房为例，布置为米色壁纸，风景卷帘呼应着洁白简明的顶棚，现代书桌上精美的台灯、文具、墨宝与墙面刚劲有力的巨幅书法、汉字墙楣等装饰浑然一体,加之精美的古筝、温雅的花草、仿榻的沙发和古朴的织物的陈设组备,令人赏心悦目。以软材质感、色彩、造型创造了书房的简洁明快、自然清新、典雅静谧,给人以独特的美感。所谓"远看色彩近看花,远取其势遗取质"的格言,对我们软艺设计很有启示。

(二)听觉

室内是享受愉悦、汇集灵感、抒发情怀的自我空间。实践表明,动感的和新奇的对象,最容易为人们所感知,居室的听觉氛围,往往由具象的软性品类完成。如竹笼内小鸟啁啾、水族箱的鱼儿畅游、小喷泉的流水淙淙、滚动的"财水球"、绚丽的赏花植物、烛光、壁挂等有机地组织在一起,就像给室内家具、陈设物和整体空间配乐一样,动静有别、声色兼俱,有节奏地与时空交叉组合,表达着空间的品位性和趣味性,并创造了视觉上情感联想的互动性,形成一曲悦耳动听的乐章,令人心旷神怡,独具感染力。

配合室内设计人性化,这种环境的界面不宜过于光滑,尽量少用硬材装饰,多用绿色环保的布艺等软材装饰。采取安装双层窗和远离家用电器的噪声污染等措施,确保室内良好的"声"环境。

(三)嗅觉

室内的人本性,还应关注人通过嗅觉感官的体验,而产生生理、心理机能的各种主观意识的感受。绿色植物给居室带来无限的生机和活力,是室内体现清爽和自然的首选。绿色植物品类繁多,如硕果累累的金橘、石榴等赏果类;艳丽夺目的月季、杜鹃、兰花、海棠等赏花类;姿态优美的绿萝、富贵竹、散尾葵等观叶类,这些颇具观赏性的叶茎花果软艺品,其散发出的淡雅的清香,使人怡心养智、惯心悦目、缓解疲劳,同时这些植物带来的湿度、温度和气味又起到净化空气、抚慰心情的作用,如图3-10所示。正如谚语所说,"花繁林稠,延年益寿"。

第三章　影响室内设计的学科

图 3-10　室内植株装饰

另外,室内木材的清香、果蔬饮料的醇香以及清洁剂的淡香,都为居室增添可亲的人本性,它给人的心理美感是自然的、绿色的,它使我们能更集中地感受到蕴藏于自然物和生活中天然的美,从而获得宁静清爽的居住环境。

(四)触觉

室内的家具设施等软装饰,不仅近在眼前而且经常和人体接触,可谓看得见、摸得着,人们对喜爱的界面或陈设物总是喜欢通过肌肤接触来得到满足,而材料的质感又能给人以安全感、舒适感、亲切感和温馨感,如图 3-11 所示。竹、藤、麻、草、革材,可以表达温柔质朴之情,泡沫塑料可表达弹性的舒适感。人们感知走在地毯上要比石材舒适得多,坐在软椅上要比铁椅轻松很多,这是因为软材弹性的反力作用使人体达到力的均衡,而感到省力。再有发泡壁纸、布艺织物因为触感而柔美,均为温暖人心的软艺品类。

室内设计方法与细部设计

图 3-11 居室设计

卫生间是集中体现人性关怀的私密空间、配合洁具、扶手等设施,力选有品位的防滑垫、浴巾、皂盒、搓澡瓜瓢、草编筐篓和绿化小品等软艺品,以柔化瓷砖、洁具、镜面等硬材环境和增强安全系数,如图 3-12 所示。居室空间应多选择体感好、防静电的软材,以体现对人性的多方面关怀。

图 3-12 卫生间设计

第二节　环境心理学

一、环境心理学

环境是指"周围的境况"。对于室内设计专业来说,"环境"是带给使用者种种影响的外界事物,其本身具有一定的秩序、模式和结构。

空间领域是指人们为了满足一定的需求,占据或者获取的"领地"。在现代住宅中,任何功能都可以独自划分出一块领地,例如会客休闲区域,会通过一些地毯、沙发等明确地划分出这一空间,如图 3-13 所示。

图 3-13　客厅休息区

在一个房间中,能看到出口的位置通常都使人感到安全,因此,不管是在怎样的房间里,人们总愿意坐在能看见入口的位置,以观察外界环境的变化。如图 3-14 所示就是一处设计合理的办公空间的设计。

图 3-14　办公室设计

新颖的房间装饰或家居用品同样也会激发人们的好奇心。如图 3-15 所示书房的设计,独特的装饰风格对于人们有着很大的吸引力。

图 3-15　书房

二、空间形状与环境心理学

人的心理感受与空间环境有着一定的联系。空间形状不同,人们也可以随之产生不同的心理感受。

正方形因为其规整的形状,往往会给人以严谨的心理感受;

第三章　影响室内设计的学科

长方形则会因为其长度而给人以某种方向的暗示；圆形的顶棚以其饱满的形态给人以和谐的心理感觉。如图 3-16 所示的教堂,高而空阔的空间形状增强了人们的神秘感。在图 3-17 中所示的空间较为低矮,但通过镜面材料的天花板装饰,增加了空间的纵深感。

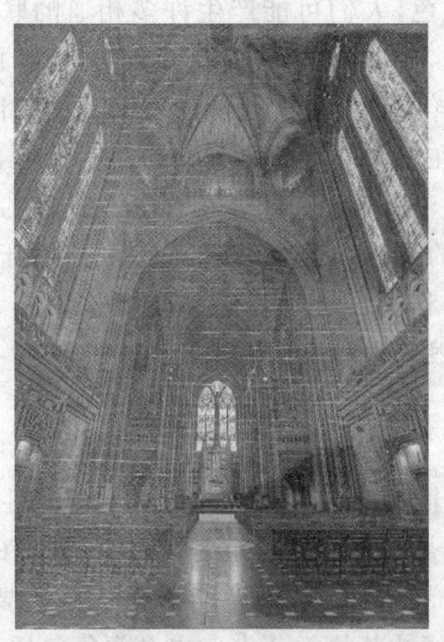

图 3-16　教堂

图 3-17　客厅

三、色彩与环境心理学

（一）色彩联想

对于各种颜色，人们可能产生许多相通的联想，这可以为空间设计带来好处，比如，粉色代表女性方案，或者白色象征着纯粹天真。然而，这样的色彩联想可能随着文化的不同而发生巨大变化，这里可能存在着一些意想不到的陷阱。例如，在基督教里，红色象征耶稣的血液和殉难；它是红衣主教长袍的颜色，并且在教会年历里，圣徒的节日均用红色标出。但是，对于中国人，传统上红色代表着吉祥和欢乐；而对于美洲印地安人或者在凯尔特人的传说中，红色是跟死亡和灾难相联系的一种颜色。

（二）时代色彩

颜色还和不同历史时期的室内设计风格产生联系，当设计师面对的设计对象是一座时代建筑时，即使设计师的工作不是对它原有的色彩进行精准复原，仍可能需做一些必要的相关调查研究。例如，18世纪的英格兰新古典主义颜色包括灰色、暗绿色、丁香紫、杏黄、蛋白色和一系列较重色彩比如各种蓝色、绿色、粉色和赤褐，如图3-18所示。另一方面，同时期的美国殖民风格色彩是黄赭、青灰、牛血和深蓝绿，其中深蓝绿通常用于搭配岱赭色。深受英格兰色彩的影响，美国殖民式色素比起乔治王时代的蛋壳黄颜料拥有更多的光泽，这是它们跟牛奶相混合的结果。

在法兰西，古典主义的影响可以在赤褐的流行上找到。19世纪，华丽的色彩比如庞贝红、巧克力棕、橄榄绿、靛蓝、普鲁士蓝、勃艮第深红和金黄曾经风靡整个欧洲，尽管当时在法国只用一种颜色比如蓝或绿装饰房间（图3-19）的做法正日益成为一种社交礼节规范。现如今，许多制造商已经制作出各种专业的时代颜料色系，这些系列对于建筑物修复或者保存工作具有不可估

第三章 影响室内设计的学科

量的价值。

图 3-18 英国古典式室内设计

图 3-19 法国古典主义风格

(三)色彩感觉

当色彩最终被用在室内设计上时,许多因素可能导致颜色实际效果的变异。光线能使颜色看起来完全不搭——甚至一天当中不同时间里的自然光也有可能很大程度上影响到色彩的色觉效果。这就是光线的奇幻效果:光线制造的阴影在房间的某一部分里似乎十分适宜,然而如果到了房间的另一部分就显得格格不入。确实,即使是具有相同批号的墙纸或者编织品,因为光线质量的变动,在同一房间的不同部分里会显示出自身的不谐调效果来,这种情况也不是没有可能。如果该种情况发生了,就有必要考虑遮住光线或者过滤光线。不同类型的光线会引起不一样的色彩再现,所以有必要把一些样本搁置到它们将遇见的所有灯光条件下进行检验,无论白天黑夜。当遇见灯具带有灯罩时,样本则应直接摆到灯泡的下方检验,因为穿越灯罩而照射的光线很可能引起色彩外观的重大变化。很显然,当设计师进行颜色方案设计时,他们需要考虑到房间的朝向方位和进入房间当中的自然光数量和质量。同样值得注意的是,因为人的肉眼只能通过物体反射的光线来感知它,以及世界上不同地区之间的太阳光线质量和颜色有所不同,所以在一个国家里表现良好的一个颜色方案如果直接照搬到另外一个国家,就很可能表现得不尽如人意。

处理颜色搭配问题的专业术语叫作"条件配色"。虽说引起色彩感觉变异的主要元凶是颜色所处的光线类型和质量不同,但它还可能取决于观察颜色所用的不同角度和距离。因此,当从一个角度看去显得互相搭配的两个样本换成另一个角度来观察时,它们可能显得不相干。令人惊奇的是,观察者两眼的间距也能引起色觉的微妙区别,这也就是为什么男人和女人看到的颜色效果不一样的原因之一。

色彩感觉的独特性时有发生,这是因为颜色是一种体验感受而非一个可以触碰得到的物体。人类的眼睛通过隐藏在人眼中的三类"锥体"(由光敏细胞组成)体验到色彩,而每类锥体负责吸收光谱的一部分颜色。这些知觉然后传递给大脑,从而使人能够"看见"并且辨识出这是哪一种具体的颜色类型(人的肉眼可分辨的颜色种类高达700万种)。但是,对于每一个人类个体而言,他们所解读到的一种颜色或者多种颜色的效果可能会千差万别。关于人类个体色觉问题,色盲即是其中的一个极端例子。虽然这

第三章　影响室内设计的学科

一点说起来极其复杂,但是这也说明为了确保各种颜色确实相互搭配或者和谐,设计师务必在布置颜色方案时,多花费些时间和精力来审视这些方案在自然光照和人工光照条件下以及在它们即将使用的空间中的实际情形如何,这一项操作是多么重要。

色彩的潮流动向时时被关注,此时各类杂志刊物和相关研讨会都很有用处,色彩专业人士通常会在那里预测最新的用色时尚和颜色组合,以帮助设计师的颜色方案保持时髦。同样有意思并值得引起注意的是,时尚的变化也能够影响颜色的感知方式,正因为如此,当普通色域跟最新的时尚色域摆在一起时,它们看上去的感觉可能完全不一样。

第四章 室内设计的依据与方法

室内设计有其自身需要遵循的原则和方法,在进行室内设计是,应该在实际情况中采用与之相应的方式方法,不能生搬硬套设计的程序和步骤。但是,室内设计的原则、方法、程序等,为设计者提供了一种普遍的参考依据,是进行灵活设计的前提。本章重点论述的就是室内设计的依据与方法,包括了室内设计的原则、室内设计的要求、室内设计的程序与步骤、室内设计的方法以及室内设计中智能家居的运用。

第一节 室内设计的原则

一、空间原则

(一)空间的限定

室内设计过程中比较常用的空间限定方法主要分成以下几种类型。

1. 设立

设立通常都是将限定元素设置在原空间的范围之中,而在这个元素周围所限定出来的则是一个新空间。在这种限定元素周围同样也可以形成一个向心的组合空间,限定元素本身也常常可以成为吸引人们焦点视线极为重要的一点。图4-1与图4-2就是

第四章 室内设计的依据与方法

其中的两个实例。图 4-1 所示的是北京华都饭店休息大厅的场景。图 4-2 所示的是室内的接待大厅内景。

图 4-1 华都饭店

图 4-2 室内接待大厅

2. 围合

通过围合的方法去限定空间通常都是最为典型的空间限定方法,在室内设计过程中用于围合的限定元素很多,常用的有隔断、隔墙、布帘、家具、绿化等。因为这些限定元素在质感、透明度、高低、疏密等多个方面上是不同的,其所形成的限定度也存在各种差异,相应的空间感觉也是不尽相同的,如图4-3到图4-8所示的各种不同的围合实例示意图。图4-3是利用隔墙来分隔围合空间;图4-4是利用透空格架分隔围合空间;图4-5则是利用活动的隔断围合成空间;而图4-6主要是通过书架围合成分隔的空间;另外,还能够利用家具、灯具等围合成一个限定的空间(图4-7)。图4-8主要是通过列柱分隔围合成空间,这种方法的通透性极强,是现代室内设计过程中比较常用的一种设计手法。

图 4-3 隔墙围合而成的空间图

第四章 室内设计的依据与方法

图 4-4 透空隔架围合而成的空间图

图 4-5 活动隔断围合而成的空间

室内设计方法与细部设计

图 4-6　书架围合而成的空间

图 4-7　灯具围合成的限定空间

第四章 室内设计的依据与方法

图 4-8 列柱限定空间

3. 覆盖

通过覆盖的方式限定空间也是一种比较常用的方式,室内的空间和室外的空间之间最大的区别就在于室内的空间通常都是被顶界面所覆盖,恰恰是由于这类覆盖物的存在,才能够让室内的空间形成一种遮强光与避风雨等典型的特征。在室内设计过程中,覆盖的方法往往都会被用于一些较为高大的室内环境中,当然,由于限定元素一般情况下会带有一种较典型的透明度、质感以及离地距离等不同的特征,所以其形成的限定效果一般情况下都会出现稍微的不同。图 4-9 就是如此。图 4-10 则是利用一些简单的帷幔限定出了特定的空间。

4. 悬架

悬架主要是指在原空间的范围之内,局部场所中新增设了一层或者增设了多层空间的限定手法。图 4-11 所示的悬挑,给人一种"漂浮"的感觉,有很强的趣味性。而图 4-12 所示的则是美国国家美术馆东馆中央大厅的内景,建筑进行了巧妙的夹层设计,空间的效果非常丰富。

室内设计方法与细部设计

图 4-9　发光顶棚限定出空间

图 4-10　帷幔限定出特定空间

5.肌理、色彩、形状、照明等的变化

在进行室内设计的时候,往往都会对界面中已经出现的不同质感、色彩、形状以及照明等多层次变化进行限定,也常会对空间

第四章 室内设计的依据与方法

大小进行限定。这些限定元素一般情况下都是通过人的不同意识形成特定的作用,图4-13属于运用不同的色彩和材质变化划分出来的一个空间,既做到了与周围的环境保持极大的流通性,同时还具备了自己的空间独立性。

图4-11 空中休息场所

图4-12 美国国家美术馆东馆中央大厅

图4-13　通过色彩、材质等限定空间

(二)空间的限定度

1. 限定元素的特性和限定度

这种元素主要是用来限定空间的元素类型,其本身在质地、形式、大小、色彩等多个方面也同样存在相对特定的差异,其所形成的空间限定度往往也会产生极大的不同。

2. 限定元素的组合方式和限定度

除了限定元素自身可以体现出来的特性外,限定元素之间的组合方式与限定度一般情况下也都存在极大的关联性。在日常的生活之中,不同的限定元素间通常也都具备完全不同的特征,再加上其组合的方式也同样是不同的,所以也就产生了很多限定度各不相同的空间类型,进而才可以创造出一种极其丰富的空间感。

(1)垂直面和底面相互组合

因为现代室内设计的空间都具有一定的特征,其中最大的特征就是它能产生较大的顶面,所以,从严格层面上来看,只有底面和垂直面共同组成的情况下才是在室内设计过程中十分难以寻

第四章 室内设计的依据与方法

找的类型。在这里我们重点要将顶面摒除掉后再进行进一步讨论,一方面是为了可以更加全面地对有关问题做出特定的分析;另外一方面则是在现实生活中程可能会出现在室内原有空间中所限定的某个空间现象(图 4-14)。

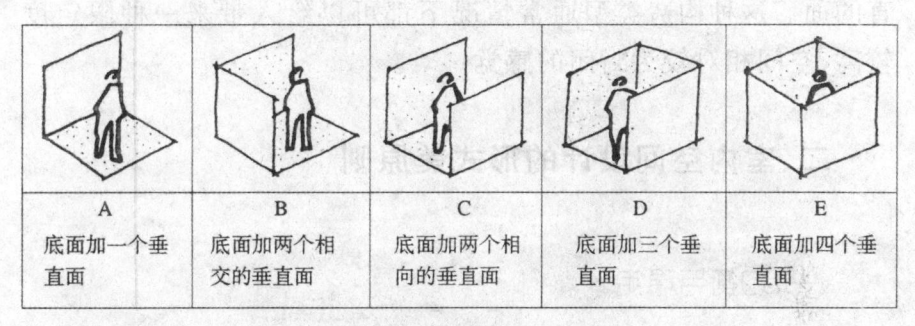

A	B	C	D	E
底面加一个垂直面	底面加两个相交的垂直面	底面加两个相向的垂直面	底面加三个垂直面	底面加四个垂直面

图 4-14 垂直面和底面之间的结合

(2)顶面、垂直面与底面的组合。

这种方法不但可以充分运用于现代建筑的设计造型之中去,还可以在室内的原有空间再限定过程中被设计师时常使用(图 4-15)。

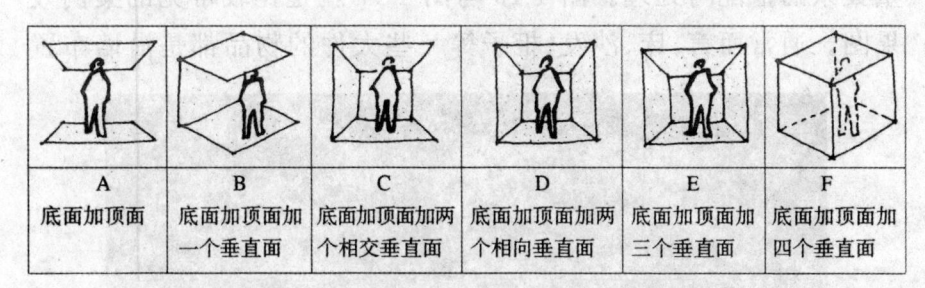

A	B	C	D	E	F
底面加顶面	底面加顶面加一个垂直面	底面加顶面加两个相交垂直面	底面加顶面加两个相向垂直面	底面加顶面加三个垂直面	底面加顶面加四个垂直面

图 4-15 顶面、垂直面与底面的组合

第一,底面加顶面。限定度比较弱,但是具有一定的隐蔽感和覆盖感。

第二,底面加顶面,再加上一个垂直面,这里的空间主要都是由开放走向封闭的,但是其限定度仍然还是相当低的。

第三,底面加上顶面,同时加上两个彼此相交的垂直面。能够形成一种限定度与封闭感。

第四,底面加上一个顶面,再加上两个相向的垂直面。能够形成一种管状空间,空间则出现了一定的流动感。

第五,底面加上顶面,同时再加上三个彼此垂直的面。人们站立的位置不同,其可以产生的感觉也不相同,即安定感与封闭感。

第六,底面再加上顶面,同时还要加上四个彼此之间相互垂直的面。这种构造类型通常情况下都可以给人带来一种限定度较高、空间相对较为封闭的感觉。

二、室内空间设计的形式美原则

(一)均衡与稳定

在我们生活的现实情景中的所有物体,都有一定的均衡和稳定条件,也都会受到这种实践经验十分深刻的影响,人们在美学层面所追求的均衡与稳定也是同样的效果。

通常而言,稳定一般都会涉及到室内设计中的上、下之间轻重关系的搭配与处理。图 4-16 与图 4-17 就是比较常见的案例效果图。通常而言,床、沙发、柜子等一些大件的物品都是沿墙布置

图 4-16 构图稳定的卧室

的,从整体上来看,这种布置方式完全达到了上轻下重的稳定效果。

图 4-17 构图稳定的书房

均衡往往是说室内的构图中各要素之间的有机联系。均衡一般都可以通过完全对称、基本对称甚至动态均衡等方法呈现出来。

如图 4-18 所示的是崇政殿内景,采用的就是一种完全对称的处理手法。

除了以上的的两种方法外,在室内设计过程中大量出现的还是一些不对称的动态均衡手法,如通过对左右、前后等的综合思考来寻求平衡。

(二)韵律与节奏

在自然界中,存在着很多事物或者现象,它们通常都会呈现出一种极富秩序的重复或者变化,这往往都可以进一步激起人们的审美感觉,形成一种十分典型的韵律形式,其中常常会带有一种极其强烈的节奏感。在室内环境中,韵律的表现形式都有很多。

图 4-18 崇政殿内景

其中,连续韵律是用到最多的一种类型,其是以一种或几种要素进行连续重复或排列,各要素间同时也能够保持一种恒定的关系和距离,能够无休止地进行连绵延长。图 4-19 所示室内的连续韵律的灯具排列而形成一种奇特的气氛。

图 4-19 室内韵律排列

第四章 室内设计的依据与方法

当我们将连续重复的各个要素进行交织、穿插时，就介意形成典型的忽隐忽现的交错韵律。图 4-20 所示的就是法国奥尔塞艺术博物馆大厅的拱顶建筑形式，雕饰件和镜板构成了一种典型的交错韵律，从而极大地增添了建筑室内的古典气息。

图 4-20　法国奥尔塞艺术博物馆大厅的拱顶

（三）对比与微差

一般而言，对比主要是指要素间存在的比较显著的差异；微差通常是指要素间存在的差异是相对较微小的。与此同时，这二者间的界线通常也都是很难确定的，不可以采用一种简单的公式对此进行说明。就如同数学中的数轴一样，数轴中的一列数从小到大进行排列时，相邻两个数之间因为存在极微小的变化，表现出来的往往就是一种微差的关系。

在现代室内设计中，还存在另外一种情况，我们也同样把它归于对比与微差的范畴之中，也就是要需要人们充分利用同一几何母题，但由于具有相同的母题，所以一般情况下依旧能够达到有机统一。例如多伦多的汤姆逊音乐厅的室内空间保持了完整统一（图 4-21）。

图 4-21 多伦多城的汤姆逊音乐厅内景

(四)重点与一般

在一个统一的有机体中,各组成部分之间的地位与重要性往往都是有所区别的,应该分出主从关系,不然很有可能会造成主次不分的情况,从而就会出现削弱整体完整性的错误。在室内设计过程中也通常会用到这种关系。图 4-22 所示是苏州网师园万卷堂内景,大厅所采用的是一种对称手法。

图 4-22 苏州网师园万卷堂内景

第四章 室内设计的依据与方法

第二节 室内设计的要求

室内设计的任务不是创造"一般的"室内环境,而是创造"理想的"室内环境,那么,什么样的室内环境才能称得上是一个"理想的"室内环境呢？这个答案就是对于室内设计的基本要求。

一、适用性

适用性主要包含了合用、有效、安全、经济等方面的意思。其中,"合用"主要是指可以充分满足设计在物质功能方面的有关需要,如观众厅内应该充分满足演员进行表演以及群众能够获得视、听、疏散等基本需要的功能；展览馆往往也需要充分满足展馆的展示、观览等基本要求(图4-23)。

"舒适"带有安逸、舒畅、惬意等多层的意思,是生理与心理量方面的反应和感受。

室内环境是否适用,涉及到室内空间组织、家具设施、灯光、色彩等诸多方面的因素,在设计过程中需要要注意优化整合,并

(a)国内展览厅设计

(b)国外艺术展览厅设计

图 4-23　展览厅设计

且还要树立动态发展的观点。

图 4-24　展厅的流动通道设计

二、艺术性

既然室内设计属于环境艺术设计的内容之一,其成果往往就十分自然且应该具备比较强的艺术性(图 4-25)。

图 4-25　室内设计的艺术性

因为不同的室内环境功能与特点往往都是互不相同的,对艺术性的要求也同样是不相同的。一般来说,室内环境必须要做到美观耐看,给人一种十足的美感。

三、文化性

文化的概念可以分为两种理解,即在广义上来看,主要是指人类在现代社会的实践过程中所获得的物质、精神层面的生产能力以及所创造的物质、精神财富。而在狭义层面主要是指精神生产能力与精神产品,其中主要包括有自然科学、技术科学等诸多方面,有时还专门指教育、科学、文学、体育等多方面的知识和基础设施。

室内设计的成果和人类生活存在十分紧密的联系,基本上和人的所有生活,包括最初级的物质生活与最精微的精神生活都存在一定的联系,这种特性决定了它体现文化的必然性。

室内设计所取得成果同样也具有极为丰富的构成要素,不管在建筑空间方面,还是在家具、书法、雕塑、绘画等其他艺术方面,都是一种语言,在这点上,同样也决定了它所体现出来的文化可能性(图4-26)。

图4-26 具有厚重文化的室内设计

历史文化同样也是一个宽泛的概念,又是生动与具体的,如某个城市、某个地区曾经发生过的重大事件与出现过的著名人物,就是历史和文化的重要内容,如果可以在这个城市与地区的重要建筑的室内设计过程中得以反映出来,就会在一定程度上开拓人们的视野,增加人们的知识,使人们能够在潜移默化之中受到启迪与教育。

四、科学性

室内设计需要充分体现出当代科学技术发展的水平,符合现行的规范与标准,具有技术与经济层面的合理性。

在室内设计过程中,一些人惯用"主观标准"来评价设计的好坏,在讲究科学性的现在,应该在保留主观评价的同时,更多的采用客观标准,特别是要认真地执行现行标准与规范。

要根据需要与可能,适时地引入先进的材料、技术、设备以及新的科学成果,包括逐步地推进建筑的智能化,落实节能减排的重要措施。

五、生态性

生态性主要是指生物在一定的自然环境中生存与发展的状态。

在地球上,生物群落构成一个既能够相互对应、相互制约、又能够相互依存的相对稳定的平衡体系,这种体系主要表现出来的相对稳定平衡态势就是生态平衡。生态平衡如果受到严重的破坏,就会危及到整个生物群体,也定会危及到人类自身。所以,在室内设计过程中,一定要维护好生态平衡,贯彻协调共生的原则、能源利用最优化原则、废弃物产量最少原则、循环再生原则以及持续自生原则。同时,还要让环境避免遭受污染,使人们能够更多地接触自然,满足其回归自然的心理需要(图4-27)。

图4-27 体现生态性的室内设计

(一)节约能源,多用可再生能源

太阳能、风能、潮汐能等可以被称作可再生能源,由于污染相对比较少,又被称作清洁能源。现在因为技术层面存在不足的原因,这些能源的利用效率还是比较低的,但是从生态以及可持续发展的角度来看,积极开发与利用这类能源无疑是一个非常正确的途径。煤、石油等都属于不可再生能源与非清洁能源,应该减少其消耗,并且还要减弱其污染。

(二)充分利用自然光与自然通风

充分利用天然采光,它不但可以满足室内的光照要求,增强室内环境的自然色彩,同时还能有效地节约能源。

利用自然风解决室内通风问题具有同样的意义,因为它有利于人体健康,有利于节能,也有利于保护自然环境。

空调制冷技术的诞生,也是现代建筑技术层面的一大进步,但是空调制冷也存在很多的负面影响,过分地依赖它,不仅耗能太大,污染空气,还会使人的抵抗力下降,引发人们常说的"空调症"。

在当前的不少设计中,能开窗而不开窗,执意采用人工照明和空调技术者不在少数。为追求所谓的时尚,完全采用玻璃幕墙、落地玻璃窗,并不设可以开启的窗扇者同样不在少数。诸如此类的空间,冬季大量热量白白散失,夏季大量辐射热移入室内,必然耗费大量的能源。

(三)利用自然要素,改善室内小气候

人是自然生态系统中的有机组成部分,人不仅具有社会属性,也具有喜好阳光、空气、山水、绿化等自然要素的自然属性。室内空间因有界面而与自然要素相隔,因此,可适当引入某些自然要素(水、石、植物等),以满足人们亲近自然的要求,并使室内的小气候得到一定的改善。

第四章 室内设计的依据与方法

室内设计不能只管大门之内的事,还要设法通过门、窗、洞口、柱廊等把内外空间尽可能地联系起来,包括把室外的自然景观引入室内。

(四)因地制宜地采用新技术

生态建筑的相关技术不断涌现,例如用材料吸热、隔热,用构造通风、降温等就是许多设计师常用的手段。由于经济等多方面的原因,短期内这些技术尚难大面积推广,但作为有生态意识的室内设计师,应该主动地去学习、熟悉、探索这些技术,并且视需要与可能将其运用于自己的设计中。

六、个性

室内设计应该有个性,这是因为建筑的类型是多种多样的。不同建筑类型的内部空间应有不同的个性;不同民族、不同地区的建筑具有不同的文化背景和地理背景,内部空间应有不同的个性;不同业主的年龄、性别、阅历、职业、文化程度和审美趣味不同,内部空间应有不同的个性;设计师在长期的工作实践中,会形成一种相对稳定的风格,因此,不同设计师的作品也会具有不同的个性。

第三节 室内设计的程序与步骤

一、设计准备

设计准备阶段,通常都会与业主进行沟通,此时就要求业主提供一些建筑设计图纸,对于业主提供出来的建筑图纸或者其他的设计资料,设计人员一定要进行细致的分析,充分了解工作的相关内容以及其基本的条件等。业主往往都能够提供一个较为完善的建筑施工图,但是有时则会由于存在的各种各样原因而不能提供图纸,在这个基础上,就需要设计人员亲自到现场去测量了。

现场测量通常情况下都是非常简单的,只需要具有一把钢卷尺、一支笔、一张纸就能够对其展开测量了。像各种管道、电视天线捶孔等位置,应该保留的家具和设备的长、宽、高尺寸量等(图4-28)。

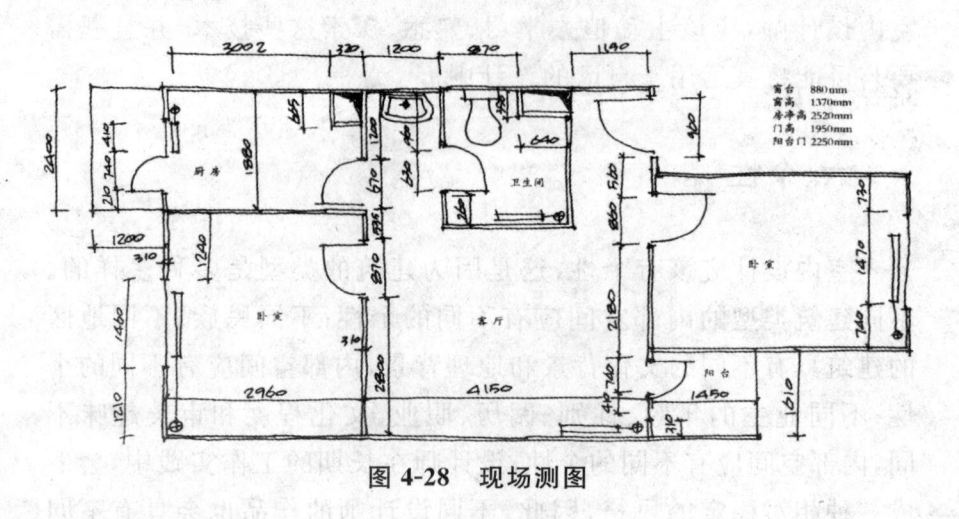

图 4-28 现场测图

二、草图构思

要做一个设计时,建筑平面以及大体的构思已经出现了,接下来就是开始画草图。

摊开草图纸——用一种半透明既薄又软的纸,此时一个接一个的假设浮上脑海,设计师就需要一个接一个地画出来进行比较,这就是勾画草图。徒手勾画草图实际上就是一种图示思维的设计方式,在一个设计的最初阶段,最初的设计意象往往都是模糊的、不确定的,可将设计思考的意象记录下来(图 4-29、图 4-30)。

第四章 室内设计的依据与方法

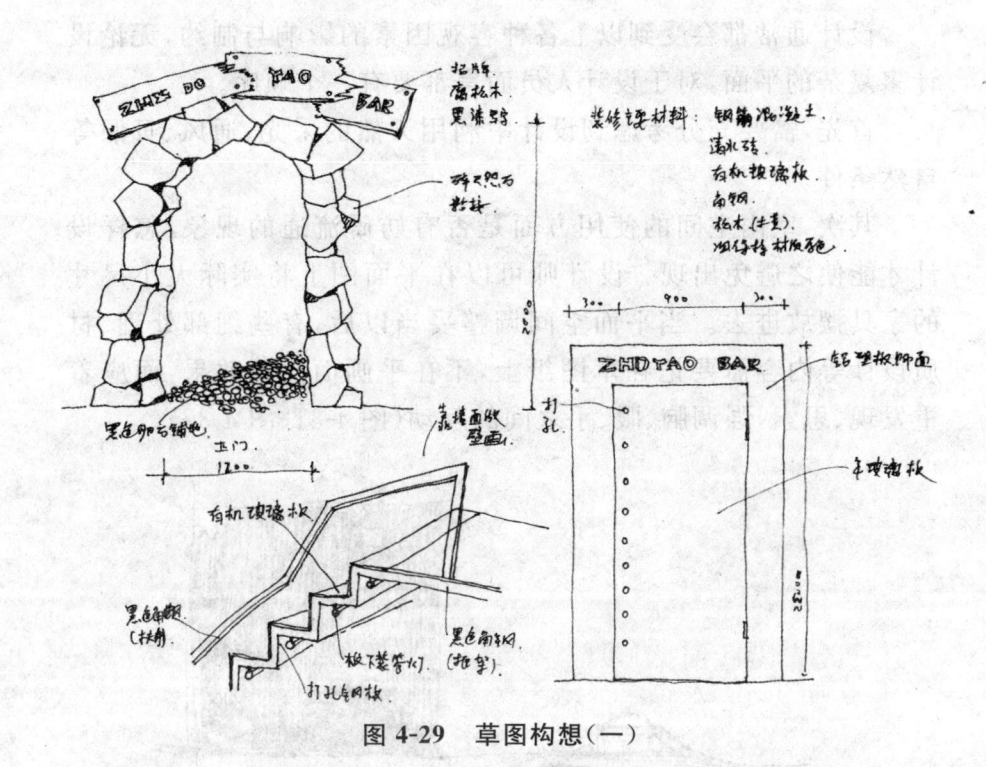

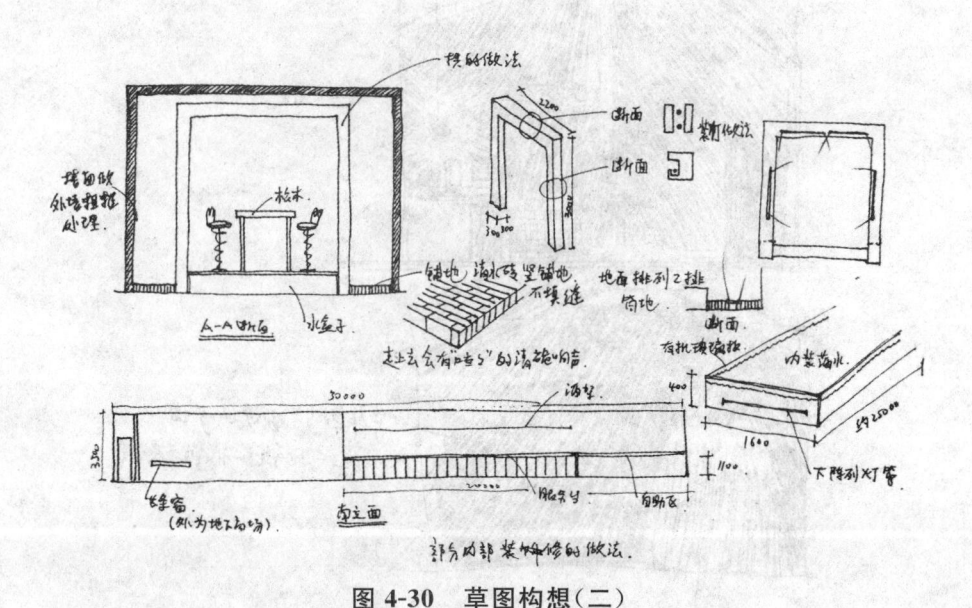

图 4-29 草图构想(一)

图 4-30 草图构想(二)

室内设计方法与细部设计

设计通常都会受到以上各种客观因素的影响与制约,无论设计多复杂的平面,对于设计人员而言都要有一个顺序。

首先,需要充分考虑到设计中利用天然的采光、通风、日照等自然条件。

其次,室内空间的使用方面是否有妨碍流通的现象,怎样设计才能使之避免出现。设计师可以在平面图上将实际大小尺寸的家具摆放进去。当平面空间调整妥当以后,有些细部处理、材质设计等内容需要记在草图纸上,不在乎画面实际效果,而应着重发现、思索,强调脑、眼、手之间的互动(图 4-31、图 4-32)。

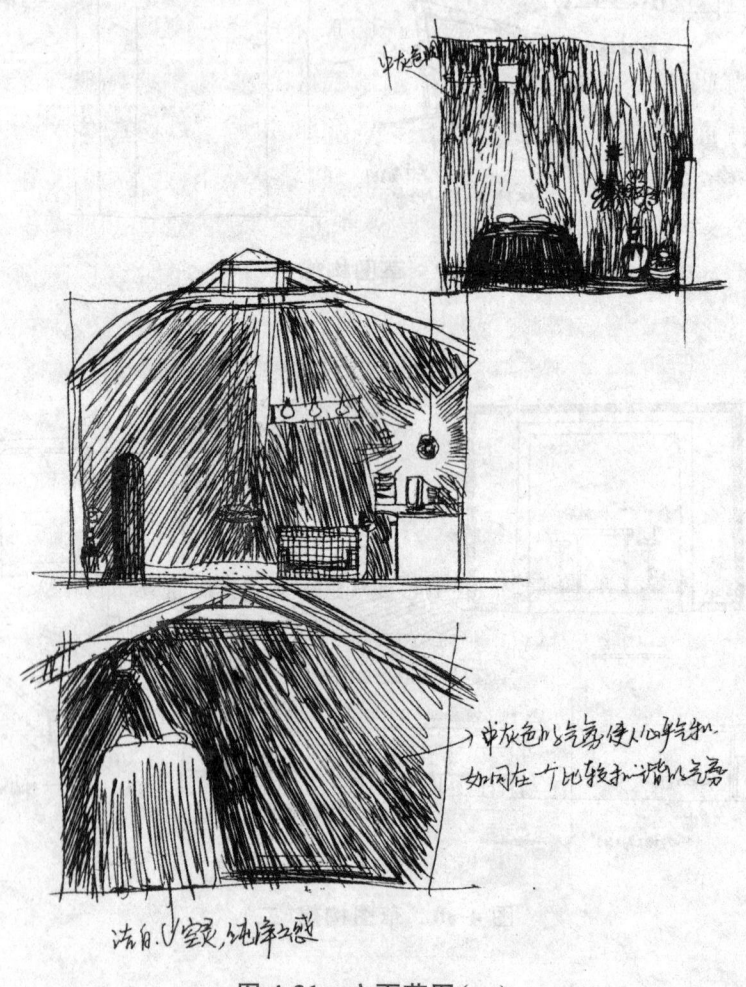

图 4-31 立面草图(一)

第四章　室内设计的依据与方法

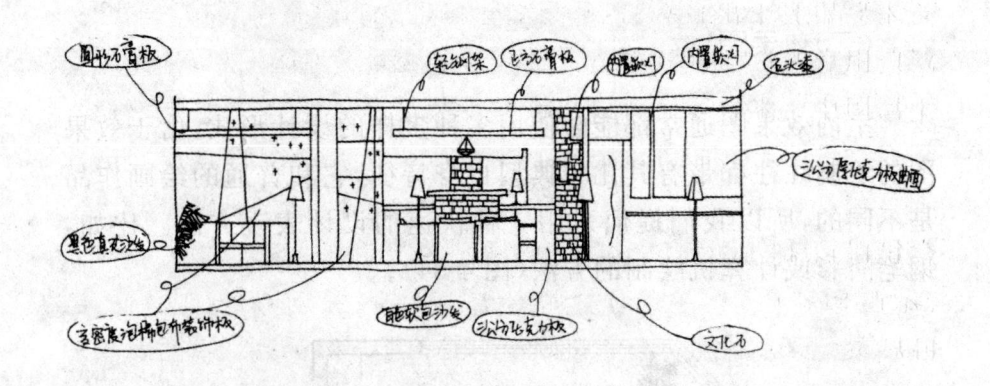

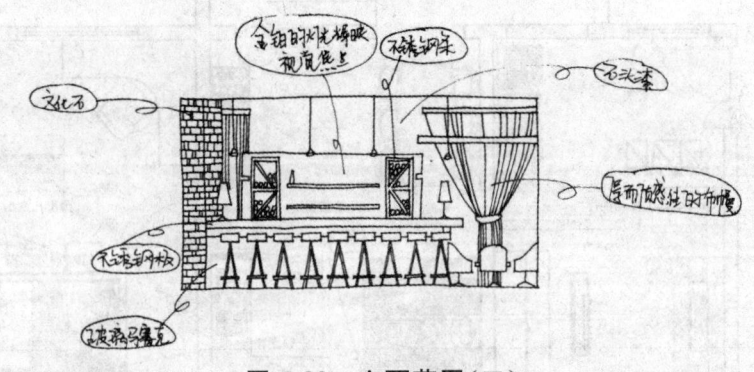

图 4-32　立面草图（二）

三、方案设计

（一）平面图

平面图一般都是表现出室内空间布局的重要手段之一。

在画平面图时，设计师一定要根据特定的比例进行作图，一般情况下的室内平面图大多都是运用 1∶50 的比例大小，而小型的室内平面图，如厨房、卫生间等往往采取 1∶30 的比例关系，绘图过程中，则需要根据纸张的大小以及房间中的不同家具就行选择（图 4-33）。

（二）效果图

室内效果图通常都能够使用多种多样的设计形式，由于效果图的绘制往往都带有其比较典型自身特征，它和普通的绘画作品是不同的，所以我们提倡采用一种快速的设计表现方法。比如，钢笔淡彩或计算机绘制的方法（图 4-34）。

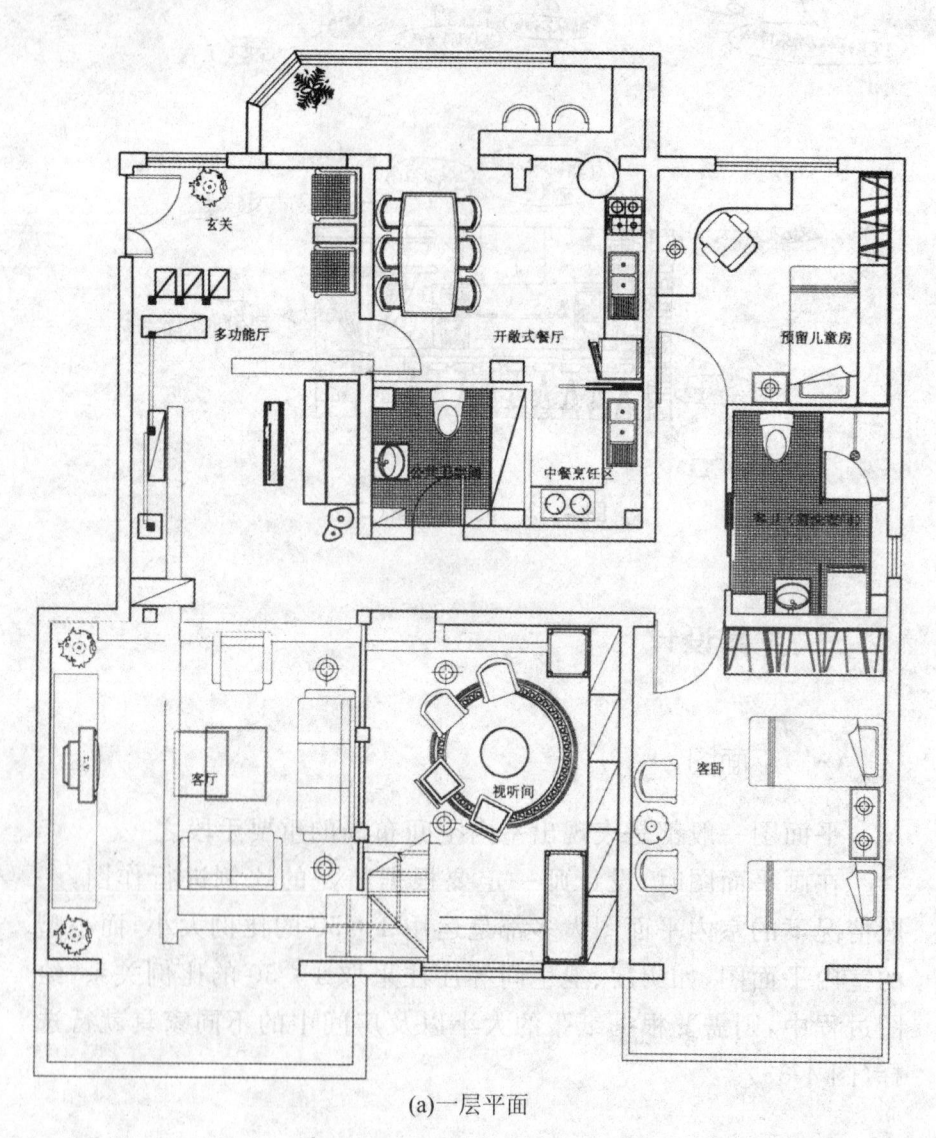

(a) 一层平面

第四章 室内设计的依据与方法

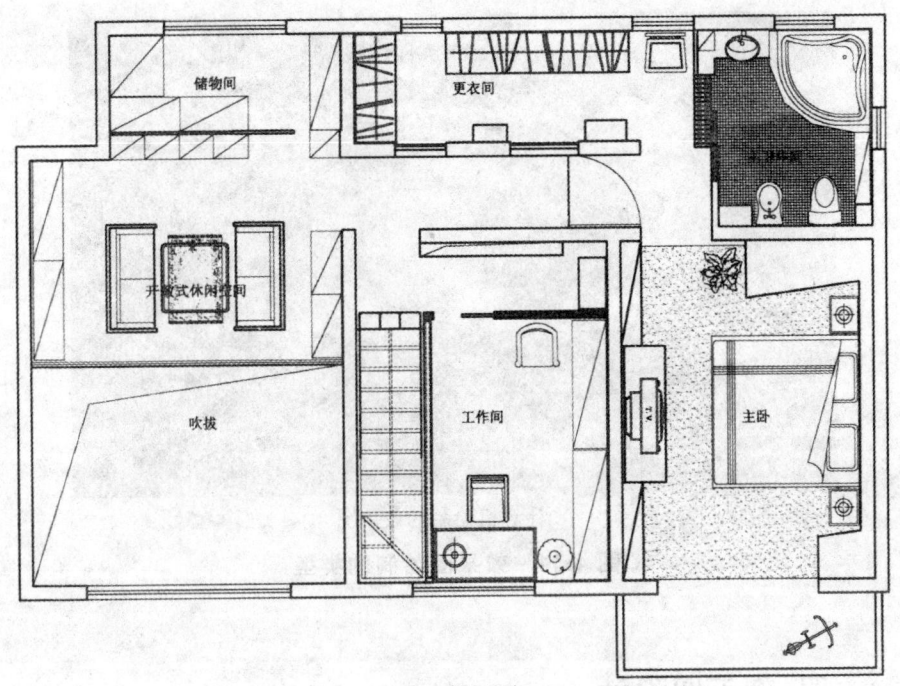

(b)二层平面

图 4-33 某小区复式住宅平面图

(a)钢笔淡彩室内设计图绘制

(b)计算机绘制的效果图

图 4-34 效果图绘制的类型

四、施工图设计

设计人员在业主所批准的扩初设计基础上,以业主对设计内容的最后认定为标准作施工图,施工图的内容主要在构造、尺寸与材料的标注方面都要有明确的示意,图 4-35 到图 4-41 是根据业主要求修改完善后的星海明珠复式住宅施工图(部分)。图纸中单位是毫米(mm),标高的单位是米(m)。

五、工程预算

工程预算包括主要材料费与辅助材料费。

主要材料费就是指在装饰装修施工过程中,根据施工面积单项工程所涉及到的成品与半成品的材料费。

辅助材料费主要是指装饰装修施工过程中所消耗的难以明确计算的材料(比如钉子、螺丝、水泥等)所产生的费用。

第四章　室内设计的依据与方法

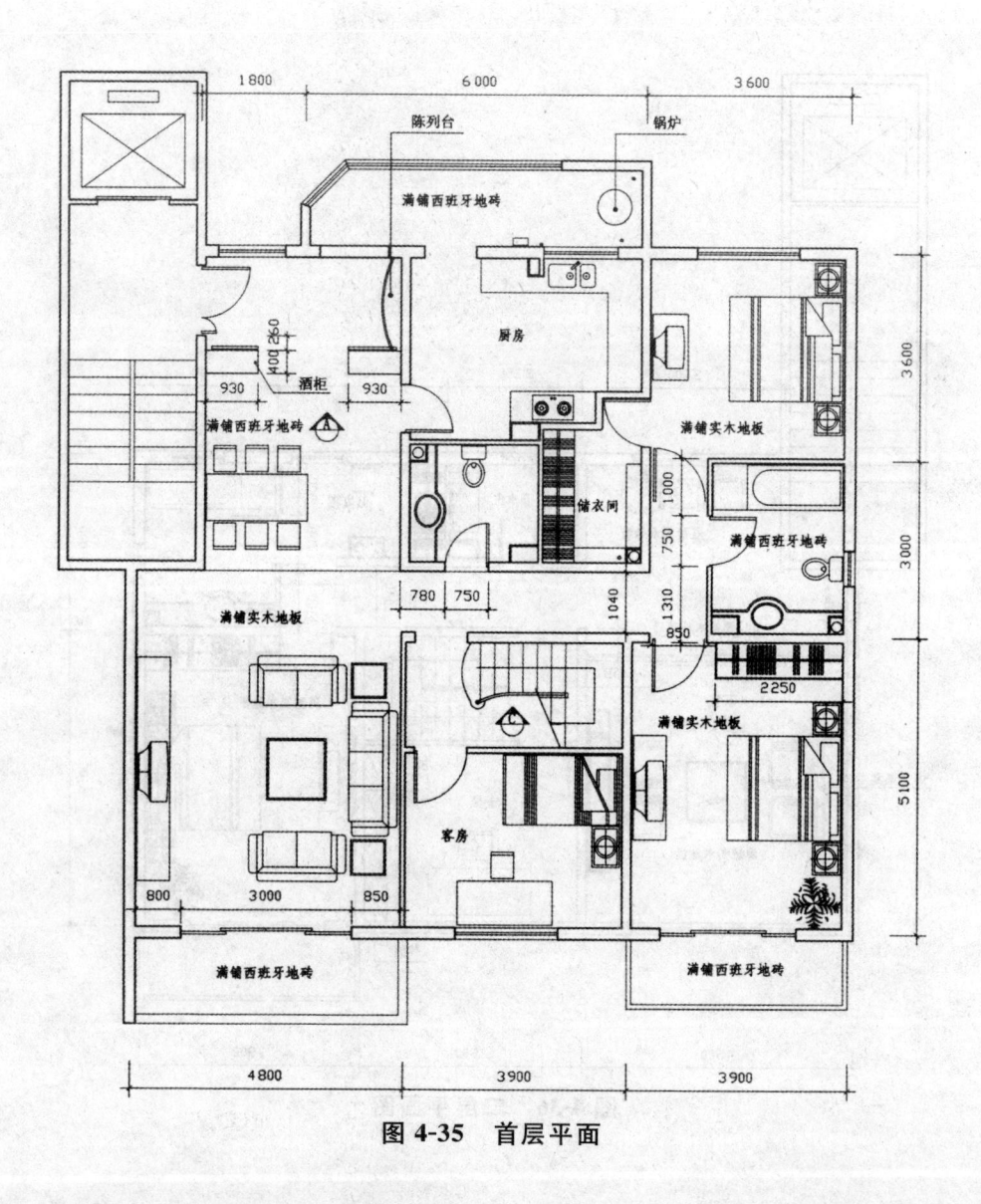

图 4-35　首层平面

室内设计方法与细部设计

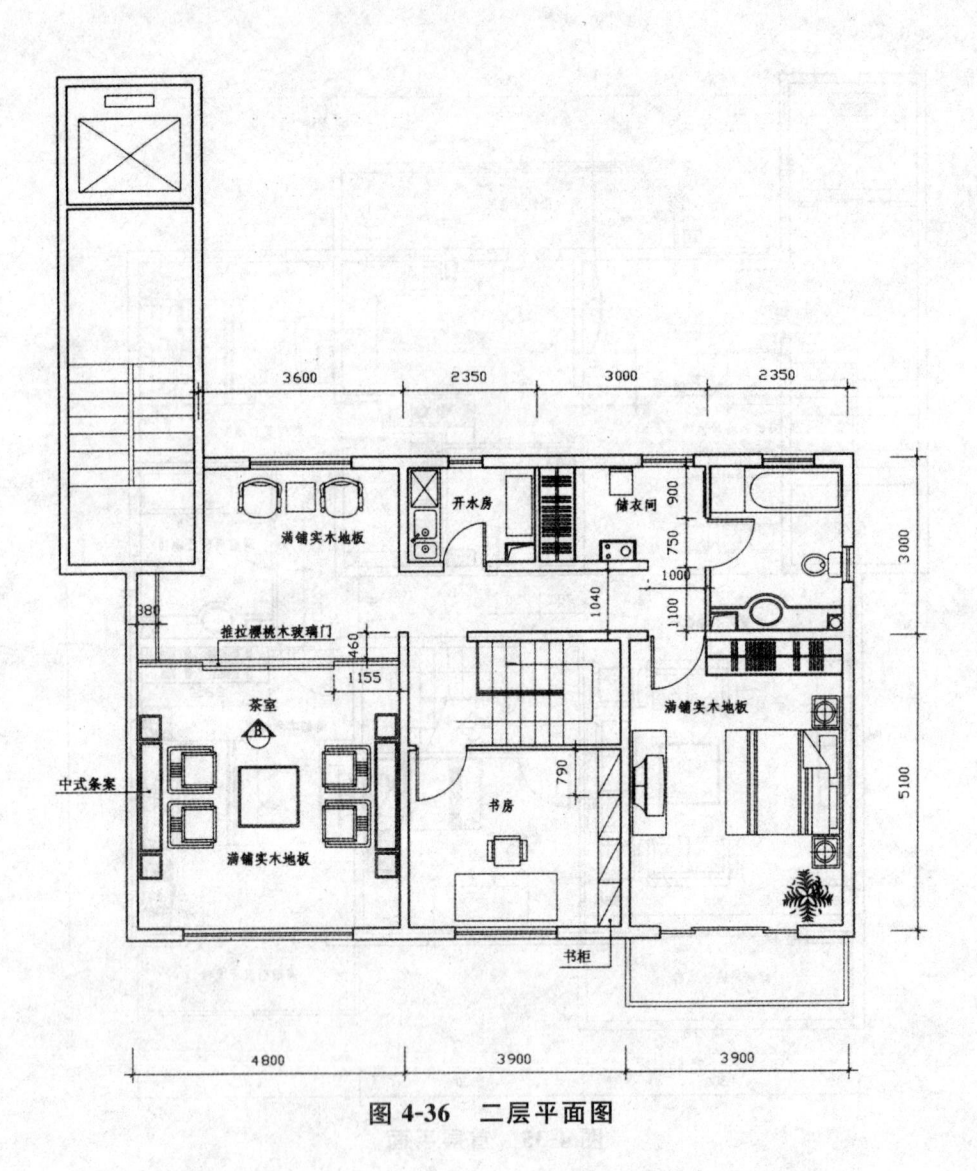

图 4-36 二层平面图

第四章　室内设计的依据与方法

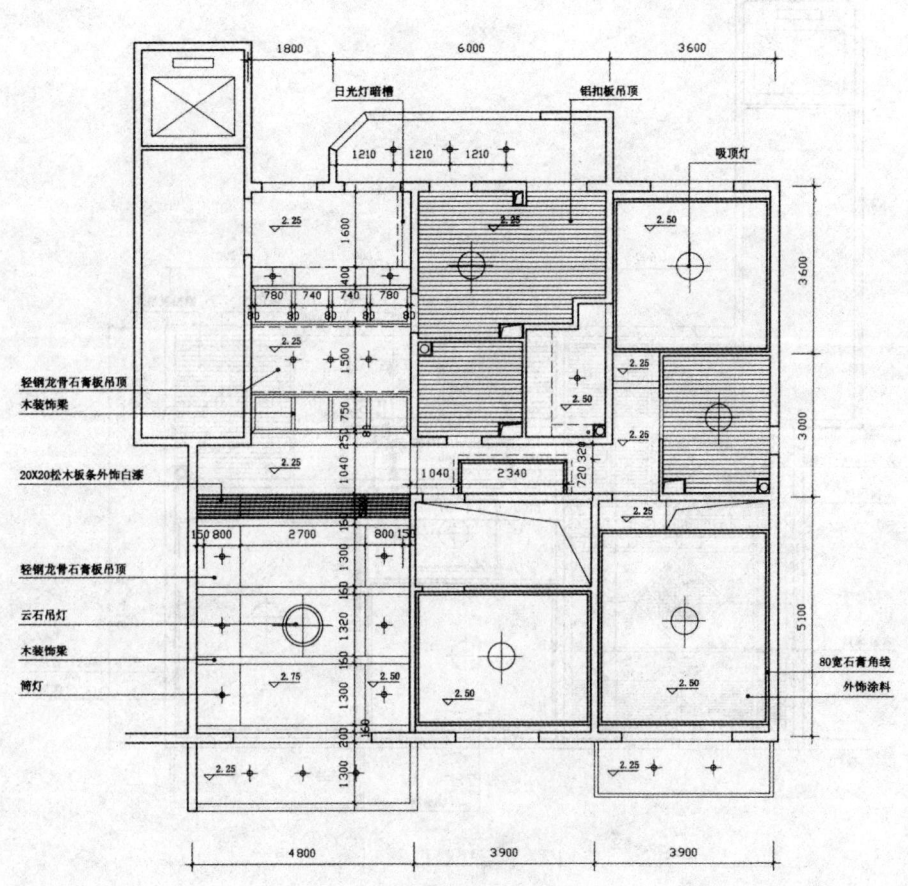

图 4-37　首层吊顶平面图

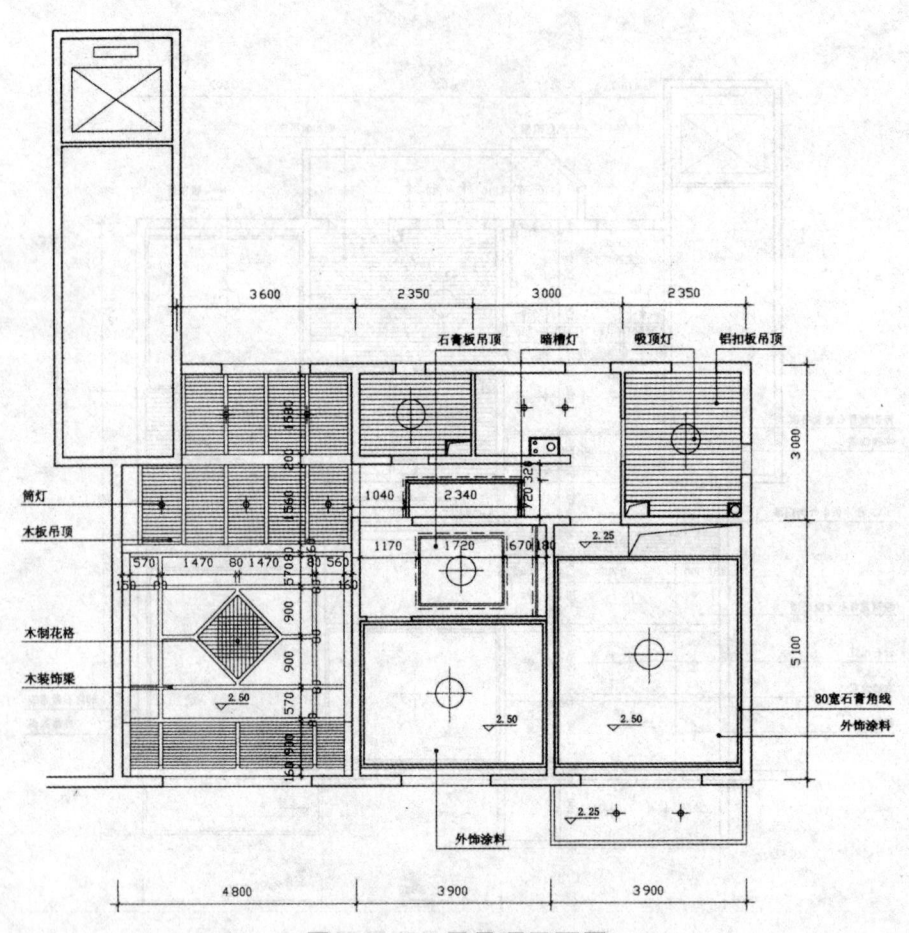

图 4-38 二层吊顶平面图

第四章 室内设计的依据与方法

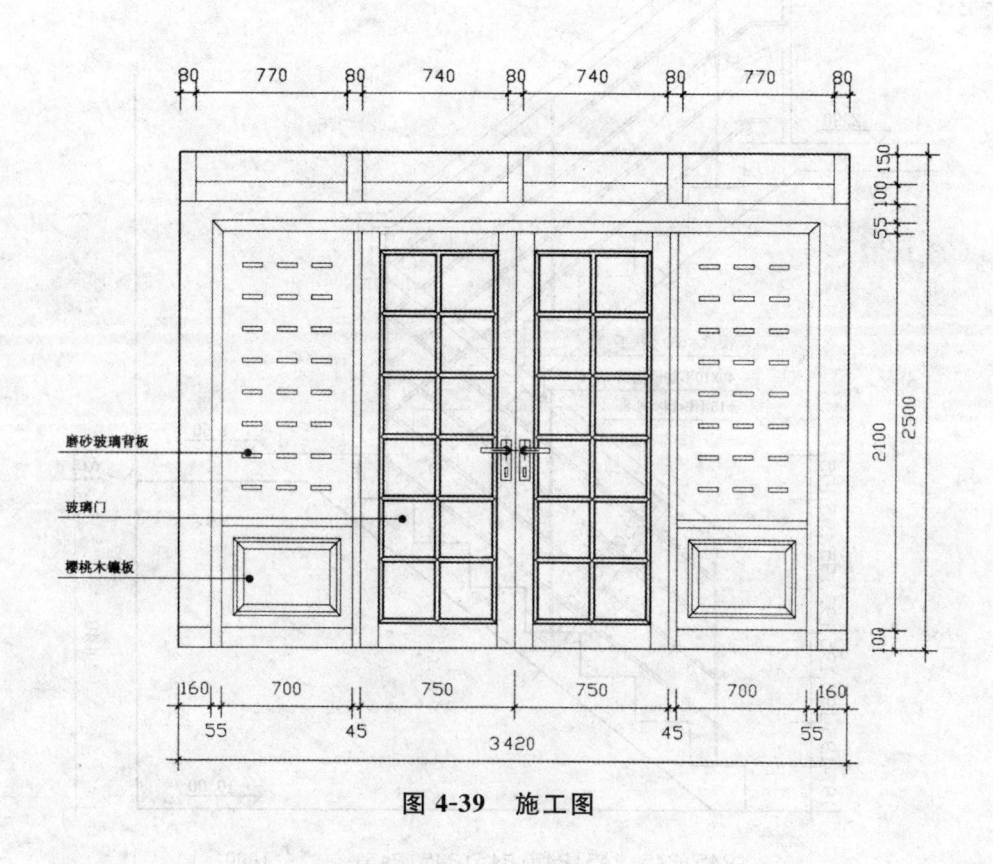

图 4-39 施工图

室内设计方法与细部设计

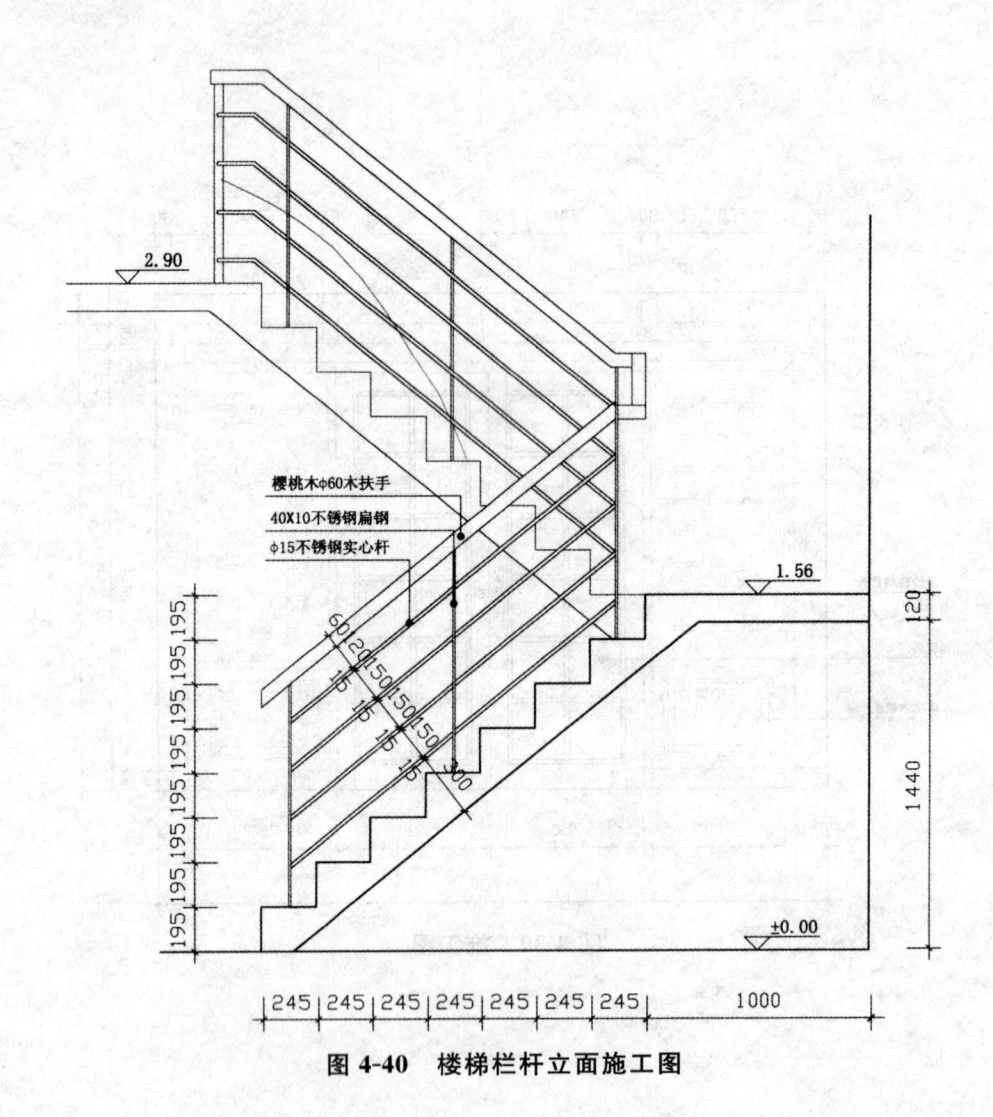

图 4-40 楼梯栏杆立面施工图

第四章 室内设计的依据与方法

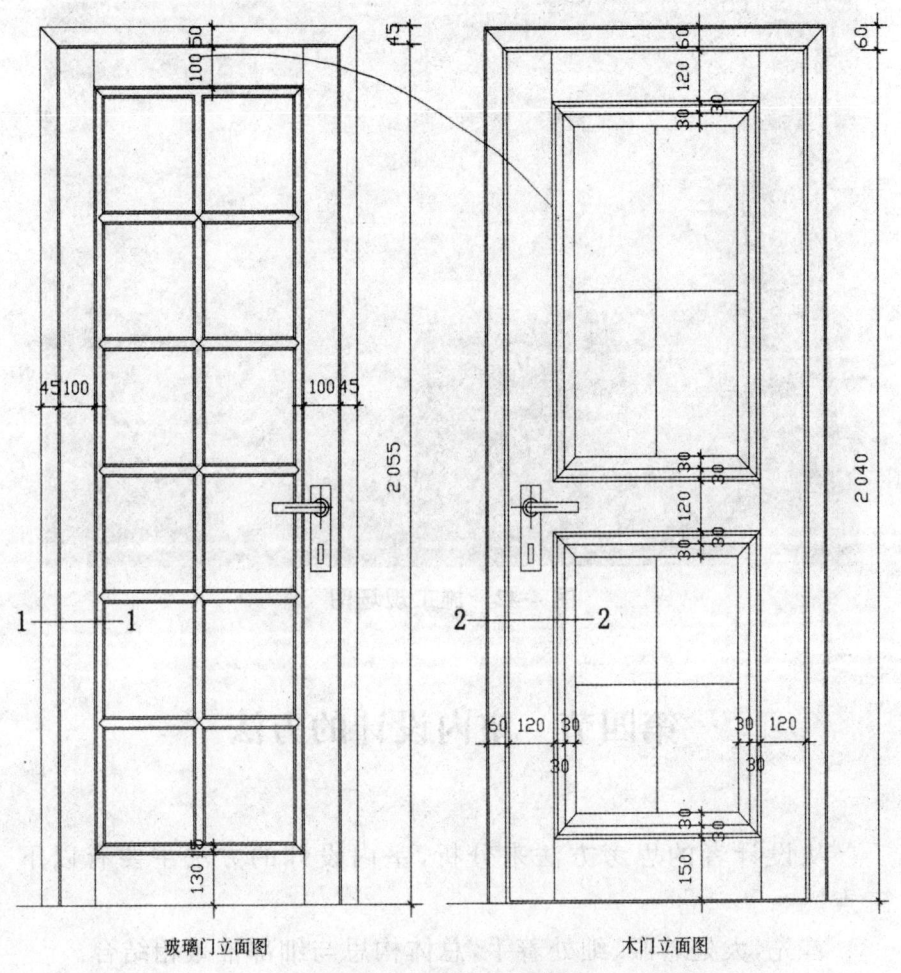

玻璃门立面图　　　　　木门立面图

图 4-41　装饰门立面图

六、施工监理

当业主和施工方之间签订了施工的承包合同以后,施工方就能够实施工作了。通常情况下,施工的工序主要是:进场后依据图纸布线,如果是对旧楼进行改造,则还应该先拆旧再综合进行布线。施工工序还应该进行交叉布局(图 4-42)。

图 4-42 施工现场图

第四节 室内设计的方法

从设计者的思考方法来分析,室内设计的方法主要有以下三点。

首先,大处着眼、细处着手,总体构思与细部推敲相结合。

大处着眼,是室内设计应该考虑的基本观点。大处着眼也就是以室内设计的总体框架为切入点,这样能使设计的起点比较高,有一个设计的全局观念。框架建立之后,接下来就是细化的问题,也就是细处着手的问题,这就涉及到具体的内容。只有这样,设计才能深入,并比较符合客观实际的需要。

其次,从里到外、从外到里,局部与整体协调统一。

"里"是指某一室内环境,"外"是指与这一室内环境连接的其他室内环境,以及建筑物的室外环境,里外之间有着相互依存的密切关系。

最后,意在笔先或笔意同步,立意与表达并重。

第四章　室内设计的依据与方法

意在笔先原指创作绘画时必须先有立意,即深思熟虑,有了"想法"后再动笔,也就是说设计的构思、立意至关重要。可以说,一项室内设计,没有立意就等于没有"灵魂",设计的难度也往往在于要有一个好的构思。

第五节　室内设计中智能家居的运用

一、智能家居的应用

（一）在卧室中的应用

卧室的主要功能是家庭成员的休息,在卧室设计中的重点是提高舒适性。

在室内照明智能化设计方而,一般可采用双路开关的形式实现对主卧与客卧两路灯光的控制,可以借鉴KTV中常用的设计方法设置多个情景模式,这样就可以满足人们的各种情景下的不同需求。（图4-43）。

图4-43　室内智能灯光控制

（二）在厨房中的应用

厨房当然也是人们生活的主要场所，智能厨房的发展也在逐步改变着人们的生活。在智能家居设计中还应安装可回收垃圾转化装置，将可回收垃圾进行转化后转变成可利用能源二次利用。

图 4-44　智能厨房设计

在厨房安全方面可以加装一些智能检测设备，应该对厨房的内燃气和水的使用状况加以监测等。

（三）应用于卫生间当中

在智能家居中的卫生间功能设计应用方面也已完全脱离了传统模式下的厕所设计理念，不再是单纯的进行如厕和洗澡，人们现在也更多的关注卫生间使用的便捷、健康和舒适。

在便捷方面来看，智能家居能够运用红外线的感应或者无线开关，不需要人工进行操作。

从健康的角度来看，智能家居设计还应该充分运用自动化的设备或者智能化的电器，例如智能马桶就是其中最具有代表性的设备（图 4-45）。

第四章 室内设计的依据与方法

图 4-45 智能马桶设计

二、智能家居对室内设计的影响

(一)对室内风格的影响

室内设计风格的形成,是不同的时代和地区特点,通过创作构思和表现,逐渐发展成为具有代表性的室内设计的形式。

要注意的是目前智能家居产品的外观以追求有现代感的产品居多。如果业主对室内的设计的风格有特定的要求,则智能家居应该保持与周围的环境气氛相融合(图 4-46)。

(二)对室内照明的影响

在现代室内环境设计过程中,使用者对照明的浪费不重视,很少有人做出额外的努力去节约能源。因此应尽量设置一个比较合理的自动控制系统,可以设置时间性的控制、区域性的控制等多种模式,自动地按时、按区关闭灯具,充分表达出人们的个性化需要。

图 4-46 风格不同的智能家居设计

（三）对室内色彩的影响

在室内色彩设计过程中，最根本的问题是就是配色问题。色彩效果主要取决于不同颜色间的相互关系，同一颜色在不同的背景下会产生不同的色彩效果，所以，色彩间的协调关系就成为配色的关键所在（图 4-48）。

图 4-47　智能家居室内灯光调节

图 4-48　智能家居室内色彩搭配

(四)对室内家具设计的影响

智能家居系统对于室内的家具设计产生的影响主要集中体现在家具的造型与布置方面。

与客厅的电视柜逐渐淡出相反的一点是,电脑桌已经逐渐发展成了很多家庭的新宠,特别是在一些年轻人的家庭中,电脑桌基本上已经发展成了家庭必备的家具之一(图 4-49)。

室内设计方法与细部设计

图 4-49　家庭电脑桌的使用

(五)对室内陈设的影响

室内陈设的范围是极为广泛的,它通常都包括有字画、雕塑、盆景、玩具等多种类型。智能家居系统中往往还有许多产品囊括于室内陈设的范围之中。

随着现代社会的不断发展,更多的智能产品也正在悄然地走进千千万万个家庭之中,有的甚至还被人们收进了橱柜之中,如数码相机、数字摄录机(图 4-50)等,有的则随时间的推移而逐渐

图 4-50　数码相机

演变成了室内陈设品,并且还带有可以营造出室内气氛的作用。其中十分常见的例子就是打印机,现在的打印机则推出了家用的多色型号(图4-51)。

图 4-51　多彩外形打印机

三、智能家居新发展

(一)融入智能家居元素为室内设计平添亮点

住宅自古以来都是人类赖以生活的基础,和每一个人都是息息相关的,同时也对人的生理与心理健康产生直接的影响。孟子曰:"居可移气,养可移体,大哉居室。"意思就是说:摄取有营养的食物,能够让人身体健康,而居住场所可以改变一个人的气质。人和家居之间存在的密切关系由此可见一斑,住宅也就是生活,有什么样的人,就该有什么样的生活;有什么样的生活,就应该住什么样的住宅。所以,设计住宅往往也就是设计生活。

科技改变现代人的生活,现代高科技的发展十分迅猛,信息高速公路的联通以及数字化时代发展的到来,势必会给室内设计从物质环境到精神文化环境等都带来一种全新的设计理念。如果说建筑可以是一种凝固了的音乐,那么完美的家庭智能化自动控制系统往往就是这首乐曲上十分绝妙的音符。家居智能系统对现代人生活环境的介入,对现代家居设计所产生的影响通常都是十分重大的。

1. 居住模式向舒适性发展

舒适性已经成为当前住宅设计的重要课题,怎样使住宅变得更舒适,具备什么样的条件才算舒适?家电设施智能化是智能家居设计的一个十分重要的组成部分,依据不同住户的不同要求,对家电与家用电气设施灵活方便地实现智能控制,更大程度上将住户从家务劳动过程中进一步解放出来。住户能够在头天晚上设定好第二天的家电工作程序、时间等,同样也可以在外面运用移动电话或电脑临时变更已经做好了的安排,使生活变得更为快捷、舒适。如下雨时自动收拢晾衣架,关上窗户;下班的路上也可以通过手机控制地暖开启或中央空调系统开关。在社区保安以及公安部门的配合与支持下,合理地安装安全的入侵报警、消防报警以及其他灾害报警系统,必将会有效防止盗窃与火灾发生(图 4-52)。

2. 住宅品质的提高

现代社会,实用性、功能性、多样性的家具环境,已经成为引领人们生活住宅品质提高的主要表现之一,现在更为重视的是住宅内在的品质特点,而并非是表面化的东西。智能家居体系中的家庭娱乐和教育进一步极大地增加了人们生活模式的多样性,如家居控制过程中的照明控制、厨房设备控制、视频音响的控制系统等。各种设备间的相互协调工作,都可以让只能设备的使功能更加细分,同时也变得更为实用。例如,当人们在准备看电视时,客厅的灯光自动调到业主本人所喜欢的亮度、窗帘也会自动拉上、电视剧打开并且调整到业主观看频率较高的频道(图 4-53)。当有电话打入时,通过系统将也会把电视机的声音自动进行调小。当家中有客人到来时,灯光则将自动调亮并且增添一些相对

第四章　室内设计的依据与方法

喜悦的气氛,音响则会自动播出一些较为欢乐的乐曲等。

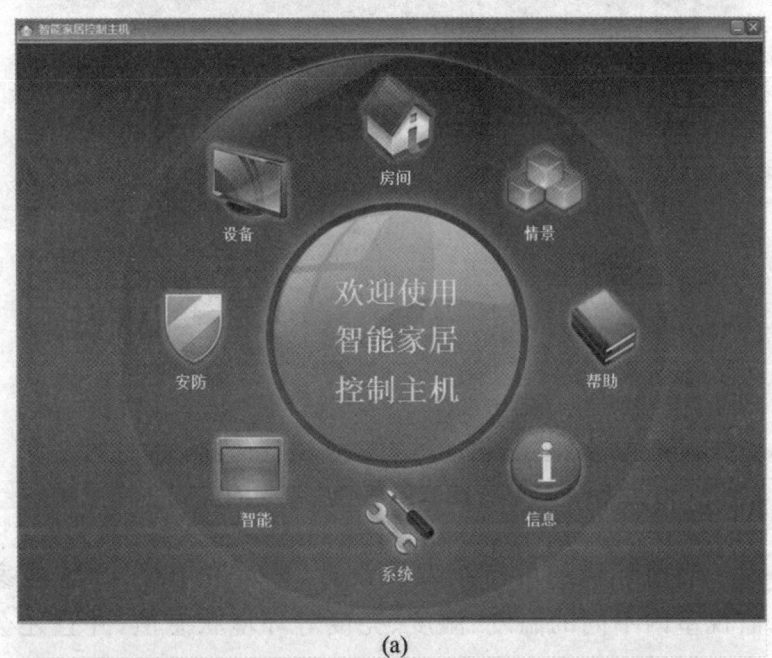

(a)

(b)

图 4-52　不同类型的智能家居控制系统

室内设计方法与细部设计

图 4-53　智能家居环境中灯光的调节

对于当前环境的可持续发展设计(环境和节能)。智能家居可以监视室内不同的温度、湿度、亮度等环境状态值,并且还会依据住户习惯做出调节与控制,节约能源。如照明控制,根据室内光线强度与住户要求的不同情况来自动调节灯光亮度。通过对家电进行的智能控制,节约水、煤气等相关的资源。

(二)对智能家居的未来展望

现代社会中智能家居的出现,对于室内设计的影响大家都是有目共睹,它已经逐渐进入人们的日常生活中,并且在不断地提高人们的生活质量,从而带来了一种全新的生活模式。当然,在这个过程之中同样也存在许多的弊端与不足,如:智能家居缺乏一个统一的设计标准、中国智能技术产品基本上都被外商所垄断,卖点大过产品的实用性、设计不太人性化和平民化等。但是,随着现代技术的不断创新、改良以及一步步的走向完善,它的发展往往都是迅速且十分有效的,对我们认识的传统设计也能够产生极大的影响与冲击力。无论是作为设计师而言,还是作为励志要在室内设计领域有一番作为的学生群体,一方面人们在不断关

第四章　室内设计的依据与方法

注室内设计行业的发展，另外一方面，对于这一系列新元素的加入，人们也应当以一种积极的态度来认识与接受。众所周知，所有的设计目标都应是以人为本的。在科技发达、物质日益富庶的现代社会，智能化生活正在离大众越来越近，安全、舒适、便利的生活已经不再成为一个遥远的梦，智能家居现在更多的集中于一个十分高端的市场之中，但是我们仍然相信在不久的将来，智能家居系统一定能够发展成为普通民众日常生活中密切相关的组成部分，必定可以更好地造福大众和社会。

第五章　室内设计的部件构造

室内设计的部件构造是室内设计的基础,也是最重要的一部分。只有对室内设计中的各个部分加以分析研究,室内设计才可以根据建筑物的性质、所处的环境以及不同的物质技术手段进行设计。因此,本章节将对室内设计中的地面、顶面、立面、门窗、楼梯、玄关以及装饰材料进行分析研究。

第一节　地面、顶面

一、地面

(一)装饰木地板

1. 实木地板

(1)实木地板的概念

实木地板是一种天然木材,经过工业经的烘干加工后形成的装饰材料,如图 5-1 所示。

(2)实木地板的材质品种

铁线子:俗称红檀,产地巴西。气干密度 $0.97\sim1.18g/cm^3$,木材甚重硬,直纹理,材质细匀,耐腐耐磨,强度高,抗白蚁,无特殊气味,干缩较少,较稳定。

二翅豆:俗称龙凤檀,产地巴西。材色呈咖啡色,色泽沉稳、

第五章 室内设计的部件构造

高贵典雅。木纹古朴，呈互锁、波浪、凤尾状等，具有清晰盘绕的独特纹理，似龙似凤，妙趣横生，千姿百态。木材甚重，气干密度 $1.07\sim1.11g/cm^3$，强度高，稳定性佳，耐腐性强，耐磨耐候，纹理美观、材色悦目。

图 5-1 实木地板

红檀香木：属于硬木类，分布在非洲西部，主要产于尼日利亚、安哥拉、扎伊尔和哥伦比亚地区。木质坚硬、稳定、色泽均匀细致（纹理常交错）、抗虫、抗变形。干缩适中、木材重、强度高、耐腐、抗白蚁和虫菌危害。

木材干缩率（气干）：径向 1.8%、弦向 3.5%；气干密度：$0.95g/cm^3$。由于纹理交错，加工略难，但切面平滑、略有香味，涂饰略难、偶有树脂斑痕。

重蚁木：俗称依贝，产地巴西。重蚁木因为其材质的特点，油漆附着力比其他木材强很多。漆膜自然柔和美观，并且更具耐磨性。

栾叶苏木：俗称贾托巴、红檀、南美柚、巴西柚木，产地墨西哥南部。木材光泽强、无特殊气味、纹理常交错、结构略粗、略均匀；木材重、干缩甚大、强度高；耐腐、抗白腐菌、褐腐菌及白蚁能力强，不抗海生钻木动物危害，防腐剂浸注性能差。

欧洲栎木：也称欧洲白橡或柞木，产于欧洲温带地区，颜色呈白色。心材呈浅褐色至深褐色，边心材区别明显；木材纹理较直，结构中至粗。年轮和木射线肉眼下清晰可见。木材材质坚硬，密度较高;强度中等。易于机械加工;木材密实,且呈弱酸性,富含单宁,胶合时必须注意处理。

柞木:也称青冈木,产于吉林、黑龙江和俄罗斯。柞木的颜色呈淡黄色,有时也偏浅褐色。由柞木制作而成的木材质地坚硬、细腻,是优良的地板材料。

马来甘巴豆:俗称金不换、南洋钢柏木,主要产于马来西亚和印度尼西亚。边材与心材有明显的区别,边材呈白或浅黄色,大径木的边材宽5cm,新切口心材呈褐红色,在空气的作用下变成橘红色,并带黄褐色的细线条;木材具有光泽;无特殊气味;耐腐性强,但容易受白蚁和粉蠹虫的危害;纹理交替,有的呈波浪状;结构粗而均匀;干缩小,干缩率生材至气干径向2%,弦向3%。

大花龙脑香:俗称南洋油崽木,产于马来西亚和缅甸等地。心材灰红褐色至红褐色,并在空气作用下变深,边材浅灰褐色,与心材区别略明显;木材光泽弱,常有树脂气味;纹理通直;结构略粗且略均匀;木材的天然缺陷很少;较耐腐;干缩甚大,木材硬度较大,重量较重。

四籽木:俗称富贵木,产于马来西亚、印度尼西亚等地。木材无光泽;生材有令人不愉快气味,干后无特殊气味和滋味;有蜡质感;纹理直或略斜;结构细至中且均匀。木材干缩甚大、木材重;气干密度为 0.79g/cm³;强度中至高,握钉力良。干燥容易、加工颇易、切面平滑。用腻子或其他填充剂后,涂饰性良好。

印茄木:俗称菠萝格、南洋木宝,产于马来西亚、印度尼西亚等地。木材为淡白色,具有光泽,结构粗而均匀,干缩小,干缩率生材至气干材径向0.9%~3.1%,弦向1.6%~4.1%;木材重而硬,气干密度约0.9g/cm³,强度甚高;木材的耐腐性强。

铁樟木:俗称铁木,产于马来西亚、印度尼西亚,主产于印尼坤甸等地区。干缩率:弦向为4.4%~8.3%,径向为2.4%;气干密度0.86~0.98g/cm³,强度中至高;顺纹抗压强度60MPa,抗弯强度106MPa,抗弯弹性模量14GPa。耐腐、干燥不难且颇慢。该木材甚硬、极耐久、抗白蚁、结构细匀、韧性强、耐腐耐磨。

第五章 室内设计的部件构造

小鞋木豆:俗称斑马木,产于非洲。板面呈斑马纹状的深浅相间条纹,横切面带有翼状、聚翼状及轮界状薄壁组织,弦切面近乎叠生的单列木射线。木材具有一定的光泽、有异味、纹理交错、结构粗且均匀;材质中至重硬、强度高、干缩甚大;锯切加工容易,适宜单板刨切;握钉、胶黏、油漆、刨光性能良好。耐腐、抗白蚁。干燥慢、略开裂、变形严重。

筒状非洲楝:俗称沙比利,产于尼日利亚、喀麦隆等地。边材浅黄色;宽度 7～10cm,心材新切面是粉红色,时间长变红褐色,这种木材具有光泽,干缩大,径向 4.6%;弦向 7.4%;木材较耐腐,但边材易受粉蠹虫危害;木材较硬,重量中等,气干密度约 0.67g/cm³;木材的强度和各项力学指标较高。

四树木:俗称黄芸香,产于非洲。心边材区别不明显,木材淡黄褐色生长轮略明显,轮间介以深色晚材带。生材微具酸臭气味、纹理交错;结构粗、质轻软、强度低。加工容易、切面略起毛、易于旋切、不耐腐;干燥容易、易腐朽、变色和翘曲;气干密度 0.42g/cm³。

(3)实木地板与家具配色

关于实木地板的油漆涂装,基本上都会保持木材的原色韵味,色系并不复杂,较为单一,这使得木材可以与普通常见的家具装饰相搭配。但是,当室内界面设计完成后,家具具有塑造空间、识别空间、优化空间、烘托气氛的作用,家具是居室室内空间不可缺少的。因此,家居装修设计是一个整体的感念,实木地板的铺装设计,特别是实木地板的颜色和风格的选择,能否与室内家具相互搭配,体现出丰富的内涵,对于居室的整体美感至关重要。

如果选择了颜色较深的家具,可用褐色系的地板相配,如图 5-2 所示。另外,同色相配,装修风格有序,如图 5-3 所示。

选用色环上相对接近的色相进行组合,因为色相的接近,配色也较好协调,与同色系相配相比,更显丰富,如图 5-4 所示。

如选择了黑胡桃贴面板的家具,可用褐色的大果阿那豆、硕桦、绿柄桑地板配色相配。绿色的墙壁,因黄色为绿色的相邻色,搭配非常自然，选择略带黄色的地板可以营造出一个温暖的氛围。

图 5-2　同色系相配（1）

图 5-3　同色系相配（2）

图 5-4　近色系相配

第五章 室内设计的部件构造

利用反差进行搭配,包括明度、色彩等的差异,这都有鲜明的强弱对比感。对比色系相配,因为其色彩的不同,原则上要谨慎使用,但这样对比的配色所产生的效果,又有和谐映衬的作用,如图 5-5 所示。

图 5-5 对比色系相配

此外,在家庭装修中,对于白色的应用应多加考量,如纯白色的地板装饰不当很容易造成上重下轻的不适局面,所以建议使用灰白色的地板代替纯白的地板,这样在装饰选择的时候不容易造成装饰不当。

2. 复合地板

复合地板主要是指实木复合地板和强化复合地板两大类,是近年来在国内装饰材料市场流行起来的一种新型、高档的地面装饰材料,尤其是国外产的复合地板,占有很大的市场份额。由于复合地板具有原木地板的天然质感,又有良好的硬度与耐磨性,且在装饰过程中无须油漆、打蜡,污染后可用抹布擦,还有较好的阻燃性,因此很受广大用户的青睐。

(1)实木复合地板

实木复合地板既具有一定的稳定性,同时也不失美观,而且具有环保优势,实木复合地板质量要求,按国标(GB/T18103—2007)

执行。

市场上常见的实木复合地板为三层实木地板和多层实木地板,如图 5-6 和图 5-7 所示。

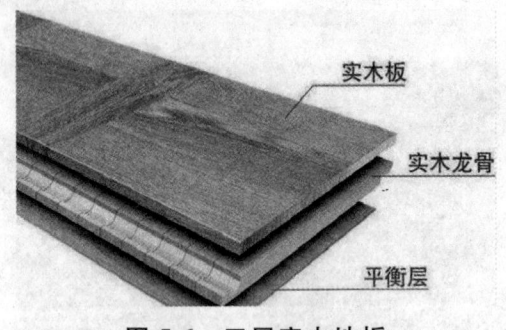

图 5-6　三层实木地板

图 5-7　多层实木地板

实木复合地板不仅具有实木地板天然、清新的特点,而且脚踩上去非常舒适,具有较好的稳定性,具有一定的环保功能。

(2)强化复合地板

强化复合地板也称浸渍纸层压木质地板,是以一层或多层专用纸浸渍热固性氨基树脂,铺装在刨花板、高密度纤维板等人造板基材表面,背面加平衡层、正面加耐磨层,经热压成型的木地板。强化复合地板的质量要求,按国家标准(GB/T18102—2007)执行。

强化复合地板由耐磨层、装饰层、基层、平衡层组成。如图 5-8 所示。

第五章　室内设计的部件构造

图 5-8　强化复合地板

(3)竹木复合地板

竹木复合地板是竹材与木材复合再生产物(图 5-9)。竹木复合地板的生产制作要依靠精良的机器设备和先进的科学技术以及规范的生产工艺流程,经过一系列的繁复工序,才能制作成为一种新型的复合地板。竹木复合地板的质量要求,按国家标准(GB/T 21128—2007)执行。

图 5-9　竹木复合地板

3.装饰软木地板

软木地板可分为粘贴式软木地板和锁扣式软木地板。粘贴式软木地板一般分为三层结构,最上面一层是耐磨水性涂层;中间是纯手工打磨的珍稀软木面层,该层为软木地板花色;最下面是工程学软木基层,如图 5-10 所示。

图 5-10　软木地板

在中国，人们一般采用粘贴式软木地板，适合地热采暖，而且，粘贴式软木地板的使用寿命相对较长，即使是厨房、卫浴间也可以使用。在欧洲，人们一般采用锁扣地板，锁扣地板的铺装非常方便，因此，欧洲人喜欢时常更换地板。

软木地板具有比较好的防滑性，防滑的特性与其他地板相比也是它最大的特点。软木地板防滑系数是 6，人们在上面行走不易滑到，增加了使用的安全性。

软木地板也属于静音地板，软木因为感觉比较软，就像人走在沙滩上一样非常安静。从结构来讲，软木本身是多面体的结构，像蜂窝状，充满了空气，所以具有良好的隔音性。实验表明：软木地板与实木地板、实木复合地板以及强化复合地板相比，隔音量更高。

4. 功能木地板

(1) 阻燃地板

阻燃地板是指具备防火阻燃功能的木质地板（图 5-11）。达到 B1 级别的阻燃标准阻及烟毒等级标准。

图 5-11　阻燃地板

第五章 室内设计的部件构造

近年来国内外阻燃地板产业发展迅猛,政府出于环保要求及消防安全考虑,也在大力推广防火装饰板的应用。因其应用领域十分广泛,仅美国市场每年需求量为60000万平方米。中国属于发展引级阶段,年需求量为30000万平方米。

(2)超耐磨耐水地板

耐磨复合实木地板又称超耐磨多层实木地板。正面加耐磨层,背面加平衡层,是一种新型浸渍纸层压地板,如图5-12所示。耐磨复合实木地板兼备强化地板的耐磨品质,实木地板的美观和脚感,实木复合地板的稳定结构等众多优点。

图 5-12 耐磨复合实木地板

塑木复合材料是利用回收塑料和木纤维经过高分子改性,用配混、挤出设备加工制成或组合成型的一种复合材料,是一种极具发展潜力的环保型新材料,如图5-13所示。

图 5-13 耐水塑木地板

(3)静音、降噪及保温地板

①真皮地板

真皮地板是地面材料行业中的一款高端的地板新品。它打破人们对地板的传统印象,采用纯真的天然牛皮,经过一系列的工艺加工制作而成,如图5-14所示。

图 5-14　真皮地板

②降噪地板

传统的强化复合地板只有8mm厚,由于厚度较薄,人在上边行走或活动因与地板接触摩擦容易产生噪声。为了克服强化复合地板的噪声缺陷,许多品牌加厚了复合地板,厚度达8.5mm、9mm,有的达到了10mm,不但降低了噪声,脚感也更接近实木。

(4)地暖木地板

①胶化蜂巢复合板

胶化蜂巢复合板(图5-15)的合成其实很简单,中间一层是厚厚的蜂窝纸,表面两层为三合板。蜂窝状结构能把外来压力迅速向四周扩散,承受力强,因此胶化蜂巢复合板适用于墙体,尤其是隔墙。同时,由于蜂窝纸内存在不流动的空气,相较于其他木板式隔墙或水泥墙体,其隔音、保温效果更为明显。而且,合成复合板的蜂窝纸和三合板均经过一种特殊阻燃剂的处理,阻燃性能极强,经过处理的蜂窝纸在遇火时,一般不会自燃,石会被炭化,一

第五章 室内设计的部件构造

旦火灾发生,它能将火源与易燃物隔开,使火势难以在短时间内蔓延。

图 5-15 胶化蜂巢复合板

②碳化木地板

在现代居室室内装饰装修工程中,地板的装饰作用越来越突出,在追求个性化、多样化的装饰效果上,当今的地板流行趋势更突出色彩鲜明、纹理清晰、光泽亮丽等方面的优势。碳化木地板(图 5-16)以稳定的结构、良好的防潮防虫性能脱颖而出。

图 5-16 碳化木地板

(5)体育地板

所谓体育地板(图 5-17),是指专门在体育馆及健身房等运动场所使用的地板。

室内设计方法与细部设计

图 5-17 体育地板

体育地板的六大功能性指标包含滑动摩擦系数、球的反弹率、滚动载荷、冲击吸收率、标准垂直变形和相对垂直变形率。评价体育地板合格与否以及整体结构和表层性能的高低,关键是看上述六大功能性指标。

(二)瓷砖地面

1. 釉面砖

釉面砖(图 5-18)就是表面用釉料一起烧制而成的砖,又分陶土和瓷土两种,陶土烧制的背面呈红色,瓷土烧制的背面呈灰白色。釉面砖表面可以做各种图案和花纹,比抛光砖色彩和图案丰富,因为表面是釉料,所以耐磨性不如抛光砖。

图 5-18 釉面砖

· 152 ·

第五章 室内设计的部件构造

2. 通体砖

通体砖(图 5-19)是将岩石碎屑经过高压压制火炼而成,具有耐高温、耐严寒、耐撞、耐刮的特点。

图 5-19 通体砖

3. 玻化砖

玻化砖(图 5-20)是通体砖坯体的表面经过打磨而成的一种光亮的砖,属通体砖的一种。因为玻化砖吸水率低的缘故,其硬度相对比较高,不容易有划痕,装饰效果好。

图 5-20 玻化砖

4. 抛光砖

抛光砖(图 5-21)是通体砖坯体的表面经过打磨而成的一种光亮的砖,属通体砖的一种。抛光砖表面要光洁得多。抛光砖坚硬耐磨,适合阳台、外墙装饰等。

抛光砖的品种名称繁多,主要是模仿石材的效果,主要应用于室内的墙面和地面,其表面平滑光亮、薄轻、坚硬,但易脏,抛光后的防污处理不够理想,可在施工前打上水蜡以防止污染,在使用中要注意保养。

图 5-21　抛光砖

(三)地毯

地毯的种类很多,不同的种类有不同的铺设效果,适合于不同功能的房间。像公共场合可以选择化纤等方便清洗保养的地毯;私人空间或者一些高档的场所则可以选择厚重、舒适的羊毛地毯等全毛地毯。市场主要的地毯种类介绍如下。

1. 纯毛地毯

早在公元 3 世纪时,人们就开始使用羊毛等动物皮毛编制各类织品,像传统的波斯和中国地毯就是其中的典型代表。纯毛地毯的问题是比较容易吸纳灰尘,而且较容易滋生细菌和螨虫,再加上纯毛地毯的日常清洁比较麻烦和高昂的售价,使得其更多的只是应用在一些高档的室内空间或在空间局部采用,如图 5-22 所示。

第五章 室内设计的部件构造

图 5-22 纯毛地毯

2. 化纤地毯

化纤地毯也称合成纤维地毯,是以绵纶、丙纶、腈纶、涤纶等化学纤维为原料,用簇绒法或机织法加工成纤维面层,再与麻布底缝合而成的地毯。绵纶、丙纶、腈纶、涤纶都属于化学纤维。化纤地毯多用于一些办公空间中,其实景效果如图 5-23 所示。

图 5-23 化纤地毯

3. 混纺地毯

混纺地毯结合了纯毛地毯和化纤地毯的优点,在纯毛地毯纤维中加入一定比例的化学纤维。在纯毛中加入一定的化学纤维成分具有加强地毯物理性能的作用,同时因为混入了一定比例的廉价化学纤维还能使得地毯的造价变得更加低廉。例如在纯毛地毯中加入 20％的尼龙纤维，地毯的耐磨性比纯毛地毯要提高 5 倍。

目前，混纺地毯在市场上越来越受欢迎，其实景效果如图 5-24 所示。

图 5-24　混纺地毯

4. 橡胶地毯

橡胶地毯(图 5-25)是以天然或合成橡胶配以各种化工原料制作的卷状地毯。橡胶地毯价格低廉，弹性好、耐水、防滑、易清洗，同时也有各种颜色和图案可供选择。适用于卫生间、游泳池、

图 5-25　橡胶地毯

第五章　室内设计的部件构造

计算机房、防滑走道等多水的环境。在一般的室内应用较少,属于比较低档的地毯种类。

二、顶面

(一)石膏顶

1.石膏顶棚装饰板

石膏顶棚装饰板(图 5-26)是以建筑石膏为基料,是一种新型顶棚装饰材料。

图 5-26　石膏顶棚装饰板

2.膨胀珍珠岩装饰吸声板

膨胀珍珠岩装饰吸声板(图 5-27)适用于居室、餐厅的音质处理及顶棚和内墙的装饰。

图 5-27　膨胀珍珠岩装饰吸声板

膨胀珍珠岩所用原料主要是建筑石膏,其含量为 92%,此外有膨胀珍珠岩,它起填料及改善板材声热性能的作用。还可做缓凝剂、防水剂、表面处理材料等,因此它具有重量轻、装饰效果好、防水、防潮、防蛀、耐酸、施工方便、可锯割等优点。

3. 纸面石膏装饰吸声板

纸面石膏板(图 5-28)是以建筑石膏为主要原料,掺入纤维、外加剂和适量轻质填料,加水拌和成料浆,浇注在纸面上,成型后再覆以上层面纸。

图 5-28　纸面石膏板

纸面石膏板具有重量轻、保温隔热性能好、防火性能好、可钉、可锯、可刨、施工安装方便等优点。

(二)木龙骨

木龙骨(图 5-29)俗称为木方,主要是由松木、椴木、杉木等树木加工成截面长方形或正方形的木条。

在现在的建筑装饰装修中,龙骨的种类越来越多,但木龙骨仍然是最主要的骨架材料,根据使用部位来划分,可以分为吊顶龙骨、竖墙龙骨、铺地龙骨以及悬挂龙骨等。

(三)金属类吊顶板材

铝扣板(图 5-30)是金属吊顶中最常见的一种,是 20 世纪 90

第五章　室内设计的部件构造

年代出现的一种家装吊顶材料,主要用于厨房和卫生间的吊顶工程。

图 5-29　木龙骨

图 5-30　铝扣板

(四)塑料类吊顶材料

1. 塑料装饰扣板

塑料装饰扣板通常属于 PVC 板材,可分为两种:PVC 扣板及 UPVC 耐老化扣板。

PVC 扣板(图 5-31)即塑料扣板,它是以合成树脂(主要是硬质乙烯基材质)为原料,添加助剂,经不同的加工工艺制成的型材。这种塑料扣板重量较轻,韧性好,广泛应用于卫浴、厨房等有较高防湿要求的环境。

图 5-31　PVC 扣板

UPVC 耐老化扣板(图 5-32)的特征是高强度、防火、防油、耐高温、抗菌、不变色、可耐老化 30 年,款式不少于 150 种,色泽细腻,大多为亚光,色彩以柔和见长。

图 5-32　UPVC 耐老化扣板

2. 钙塑泡沫吊顶板材

钙塑泡沫吊顶板材(图 5-33)的主要原料为树脂、填料、发泡剂等。经模压膨化机膨化趋热开模，片料立即膨化成钙塑泡沫板。

图 5-33 钙塑泡沫吊顶板材

3.聚苯乙烯泡沫塑料装饰吸声板

聚苯乙烯泡沫塑料装饰吸声板（图 5-34）简称聚苯乙烯泡沫板，又名 EPS 板。EPS 板是将含有挥发性液体发泡剂的可发性聚苯乙烯珠粒，在模具中加热成型，而制成的具有微细闭孔结构的泡沫塑料板材，该产品具有普通型和阻燃型，具有质轻、保温、隔热、耐低暑、有一定的弹性、吸水性较小、容易加工的优点。

图 5-34 聚苯乙烯泡沫塑料装饰吸声板

第二节　室内立面与门窗

一、室内隔断

(一)室内隔断的特点

室内空间常以木、砖、轻钢龙骨、石膏板、铝合金、玻璃等材料进行分隔。有各种造型的隔断、推拉门和折叠门以及各式屏风等,如图 5-35 所示的木质隔断。

图 5-35　木质隔断

(1)灵活。设计师可以按照市内的空间形状来设计隔断的形式,使空间既具有封闭性,也做到一定的畅通性。

(2)形态与风格多样化。要做到风格独特,设计师必须对室内室外的空间环境有一个整体上的把握,使隔断整体风格保持一致。

(3)在对空间进行分隔时,对于需要安静和私密性较高的空

第五章　室内设计的部件构造

间可以酌情使用隔墙。

(二)各种不同的分隔

1. 室内构件的分隔

室内构件包括建筑构件与装饰构件。例如图 5-36 所示的室内构件划分的空间。

图 5-36　室内构件的分隔

一般来说,如果空间过大的话,就需要一定数量的列柱。这样不仅满足了空间以及安全性的需要,还丰富了空间的变化,更具美感。

2. 家具与陈设的分隔

家具与陈设是室内空间中的重要元素,它们除了具有使用功能之外,还可以组织与分隔空间,如图 5-37 所示。

3. 绿化植物、小品的分隔

室内空间的绿化、水体的设计也可以有效地分隔空间。具体来说,其形式与特点有如下几个方面。

植物可以营造清新、自然的新空间。设计师可以利用围合、垂直、水平的绿化组织创造室内空间。

空间之中的悬挂艺术品、陶瓷、大型座钟等小品不但可以划分空间，还成为空间的视觉中心。

图 5-37 家具划分的空间

二、门窗

(一)门

常用门扇约有以下几大类：第一类具有中国传统风格，它们由传统隔扇发展而来。传统隔扇多用硬木精工制作，由边梃、格心、抹头、绦环板、裙板所组成，如图 5-38 所示。绦环板与裙板上

图 5-38 传统隔扇

第五章 室内设计的部件构造

极具装饰性,多雕刻吉祥如意的纹样,有的还镶嵌玉石或贝壳。这类门扇多用于现代室内设计中的中式环境,形态适度简化并与现代材料手法相吻合,既有传统特征,又有时代气息。

第二类是欧美传统风格,这类门扇厚重大气,大都运用于西方古典建筑和近、现代欧美建筑。

第三类门扇在材料、色彩、造型的应用上不拘一格,讲究现代装饰效果,多用于公共建筑。

第四类是普通居住环境的门,实用而简单。

(二)窗

室内环境中窗的类型和门一样,也有中、西式之分,其构造方法也与门相似,所以在此不再阐述。值得一提的是,在中式风格的环境中常采用室外设计室内化的设计手法,把中国园林中框景手法运用在室内,利用门框、窗框等摄取空间的优美景色,这种门、窗的形式通常称为景门与景窗。

贝聿铭先生设计的香山饭店(图5-39),内有多种造型的景窗与景门设计,如大堂墙壁上正方形、正菱形组合的简洁装饰窗洞和连接它们的灰色格带,以重复的图案营造韵律美,成为大堂的重要景观,饭店内部还存在各种造型的门洞与窗洞,很好地表达出后现代主义的装饰风格。还有部分与其他同种风格的装饰元素相结合,如图5-40所示。

图5-39 香山饭店

室内设计方法与细部设计

图 5-40 经典中式空间

为了使窗户设计切实可行,也为了制作窗帘的人能有一个详实的窗帘制作细则,设计师了解窗帘的制作方法和特定场合下应用的窗帘风格很重要。罗马式帘、木帘、卷帘和专家用帘等窗帘通常用来把一种简约感带进一个室内空间。但是,在某些场合下,传统窗户处理方式和经典的大窗帘仍然适用,设计师需要知道在哪些地方这些会派上用场并知道如何采用。窗帘顶部和短帷幔常常决定了窗帘处理的整体特征,它们的款式包括铅笔型、法式、盒式、扣环、高脚杯纵褶和缩褶。进一步的筛选还包括窗帘的悬挂类型——轨道式的还是杆式的,窗帘的镶边饰物和边缘的风格及运用,全部应该与房间的设计方案的总体风格保持和谐一致。

(三)门窗的种类及应用

1. 防盗门

防盗门是指在一定时间内可以抵抗一定条件非正常开启,并带有专用锁和防盗装置的门。顾名思义,防盗门的主要作用就是防盗,因而其对安全性要求也就特别高。通常防盗门面板多为钢板,里面衬有防盗龙骨并填满填充物,填充物多为蜂窝纸、矿渣棉、发泡剂等,能够起到保温、隔音的作用。在锁具上防盗门也有

第五章 室内设计的部件构造

很高的要求,防盗门锁有机械锁、自动锁、磁性锁等,但不管是哪种锁,按照国家标准,必须能够保证窃贼使用常规工具如凿子、螺丝刀、手电钻等15min内不能开启。防盗门样图如图5-41所示。

图 5-41 防盗门

2. 实木门

实木门是采用天然的名贵木材,如樱桃木、胡桃木、沙比利、柚木等经过干燥后加工而成的,具有漂亮的外观。同时因为木材本身的特性,实木门拥有良好的隔音、隔热、保温性能。这里需要特别注意的是,市场销售的实木门大多数并非真正的纯实木门,假设纯实木门从里到外都用同一种名贵木材制作而成,那成本是非常高的,一扇门的售价很可能就要上万。而且纯实木门如果做工不好,非常容易变形、开裂,因而完全没有必要刻意去追求所谓的纯实木门。实际上,市场大多数实木门其实是实木复合门。

3. 实木复合门

实木复合门是采用松木、杉木等较低档的实木做门芯骨架,表面贴柚木、胡桃木等名贵木材经高温热压后制作而成的。实木复合门在外观上美观自然,是目前市场木门类的主流品种。因为其本身为复合而成,具有坚固耐用、保温、隔音、耐冲击、阻燃、不易变形、不易开裂。实木复合门的造型多样,款式很多,表面可以制作出各种精美的欧式或者中式纹样，也可以做出各种时尚现代的造型，因其造型多样，因而市场上有时也称之为实木造型门，如图5-42所示。

图5-42 实木复合门

现场制作的平板门也常被称为实木门，现场制作的平板门中间多为轻型骨架结构，外接胶合板，两面表面再贴胶各种名贵木材饰面板，再在饰面板上进行清漆处理。因为现场施工条件和工人技术问题，所制作的门大多为平板状的，最多在表面镶嵌一些不锈钢条装饰。

市场上还有一种实木复合门的表面并不是贴上一层名贵木材，而是用一种仿名贵木材纹理的贴纸来替代，这种贴纸材料较易破损，且不耐擦洗，但是因为价格低廉，在一些较低档的装饰中也有大量采用。

4. 模压门

模压门是采用带凹凸造型和仿真木纹的密度板一次双面模压成型，档次较低。模压门生产的过程不需要一根钉子，粘接压合都是采用的胶水，再加上制作模压门的材料为密度板，所以，一般含有一定量的甲醛。同时模压门在外观和手感上也没有实木门厚重美观，表面纹理显得比较假。但是模压门价格便宜，而且

第五章 室内设计的部件构造

防潮、抗变形性能较好,在一些中低端装修中还是有大量的采用。模压门在外形上可以做成和实木复合门一样,但是表面纹理不够真实。

5.玻璃门

各种玻璃品种,如钢化玻璃、磨砂玻璃、压花玻璃等都在门的制作中得到了广泛的应用。尤其是推拉门,大多都会采用一些装饰较强的玻璃。根据门型和工艺分有全玻门、半玻门等。全玻门多与不锈钢等材料搭配,通常除了四个边外,其余大面积均采用钢化玻璃,多用于一些公共空间之中,在居室空间的卫生间等处也有采用,如图5-43所示;半玻门则多是上半截为玻璃,下半截为板式,有一定的透明性。

图5-43 全玻门

6.推拉门

推拉门也是一种常见的门种,在居室中的卧室、衣柜、卫生间、厨房均有大量采用,在一些公共空间如茶楼、餐馆中也有广泛应用。各种材料如玻璃、布艺、藤编以及各种板材都可以用于推拉门的制作。推拉门的最大优点就是不占用空间而且居室显得更轻盈、灵动。推拉门大多是采用现场制作的方式,但目前不少厂家也可以提供个性化生产,按照业主的要求进行定制生产和安

· 169 ·

装,尤其是衣柜推拉门厂家定制生产的方式已经非常普遍了。推拉门效果如图 5-44 所示。

图 5-44 推拉门

7. 塑钢门窗

塑钢窗是继木窗、钢窗、铝合金窗之后发展起来的新型窗。塑钢门窗以硬聚氯乙烯(UPVC)塑料型材为主材,钢塑共挤非焊接而成,是目前强度最好的窗。为了增加型材的强度,主腔内配有冷轧钢板制成的内衬钢,因为其是塑料和钢材复合制成,所以被称为塑钢窗。塑钢门窗与铝合金门窗相比具有更优良的密封、保温、隔热、隔音性能。从装饰角度看,塑钢门窗表面可着色、覆膜,做到多样化,而且外表没有铝合金金属的生硬和冰冷感觉。塑钢门窗正以其优异的性能和漂亮的外观逐渐成为装饰门窗的新宠。塑钢窗和塑钢门效果如图 5-45、图 5-46 所示。

8. 铝合金门窗

铝合金门窗多是采用空芯薄壁铝合金材料制作而成,铝合金门多为推拉门,通常是铝合金做框,内嵌玻璃,也有少量镶嵌板材的作法。铝合金窗曾经是市场上的主流产品,具有垄断性地位。铝合金推拉窗具有美观、耐用、便于维修、价格便宜等优点,但是也存在推拉噪音大、保温差、易变形等问题,在长久使用后密封性

第五章 室内设计的部件构造

也会逐步降低,现在逐渐被外观上一样的新型铝塑窗所取代。铝合金门效果如图 5-47 所示。

图 5-45 塑钢窗

图 5-46 塑钢门

图 5-47　铝合金门

9. 铝塑门窗

窗户的更新换代速度较快,从几千年沿用的木窗到早期的钢窗再到时下流行的铝合金窗和塑钢窗,性能越来越好。目前市场上出现了一些复合型的门窗产品,铝塑复合门窗就是其中的一种。

铝塑窗又叫铝塑复合窗,它是采用隔热性明显强于铝型材的塑料型材和内外两层铝合金连接成一个整体,因为其两面为铝材,中间为塑料型材,所以称之为铝塑窗。铝塑复合窗兼顾了塑料和铝合金两种材料的优势,可以认为是普通铝合金窗的升级产品,其隔热性、隔音性与塑钢窗在同一个等级,同时彻底解决了普通铝合金窗传导散热快不符合节能要求和密封不严的致命缺点。

铝塑复合窗因为其优异的性能在国内的发展速度非常快,目前已经被应用于别墅、住宅楼及写字楼等各种空间中,和塑钢窗一样成为了目前的主流产品。塑钢门和塑钢窗是一样的,只是应用的部位不一样而已。

10. 木窗

木窗是最传统的窗型,在中国应用了上千年。但由于木窗有易变形、开裂等多种问题,目前已经基本被淘汰了。现在市场的木窗多是木和铝复合生产而成的复合窗。内部以天然木材为主,保留了木的美观性;外部为铝材,又在一定程度上解决了传统木窗的固有问题。这种复合结构还具有更高的节能性能,可以有效地将能耗降到最低,特别是在夏天的时候,可以进一步减小空调的用电量。复合木窗实景如图 5-48 所示。

图 5-48　复合木窗

三、墙面

墙体作为室内空间的侧界面,它的装饰与功能要依据室内的使用特点。图 5-49 所示的墙面营造了居室温馨的空间。

墙面的形式多样,其中包括有开窗的墙面、有门的墙面等。一般情况下,开窗越大,其围合感越不明显,如图 5-50 所示。具有小面积开窗与实体(不透光)门的界面会给空间中的人以安全、私密的心理感受,如图 5-51 所示。

关于油基涂料和脱漆剂,存在着一些环境问题的担忧,这是因为挥发性有机化合物会从这些产品中以气体的形式挥发出来,

室内设计方法与细部设计

从而引起眼鼻喉疼痛、头疼、协调障碍、恶心呕吐以及肝、肾、神经中枢等损坏。一些涂料制造商正回归和使用一些长久不用的方法，利用植物油和树脂等天然原料来生产涂料。

长久性的墙面覆层包含有瓷砖，通常它们都有种类繁多的尺寸、类型和花样。所以这也为设计师提供了海量的设计可能。木板包覆通常由半舌半沟的铺木板做成，它由压条和不可见的钉子固定到墙壁上，可用于整墙和天花板的覆层或者作为浴室面板、橱柜和房门。

图 5-49　展现温馨空间的墙面

图 5-50　窗墙比较大的墙面

图 5-51 窗墙比较小的墙面

很多较老的房屋建筑里原先就有可稍加修复的面板,但是木质面板也是可以从头安装、打蜡或者涂料的。层压板坚韧耐磨,因此常常用作厨房和浴室的"荚壳",但是它主要在商业类室内设计上使用而很少用于居家设计。为了追求材质变化韵味,暴露的砖块或者石块可保留原样,然而需要密封剂来减少灰尘的产生。

四、壁炉

壁炉(图 5-52),是镶嵌在墙壁内的炉子,是一种兼具装饰和使用于一体的建筑物件。

壁炉一直带有浓郁的欧美家装风格(图 5-53),是寒冷欧洲、北美大陆的宠儿。壁炉的造型各异,美式、英式、法式壁炉,因不同文化而有所差异。在欧美,壁炉是家人围坐休息的中心,几乎每个房间都有一个壁炉,每个壁炉都根据主人的喜好具有不同的风格。

图 5-52 壁炉

图 5-53 欧美风格的壁炉

壁炉的原有作用是取暖,但在中国现代家居设计中,壁炉更多的作用是装饰。现在流行的新式壁炉构思巧妙、造型时尚、创意丰富、工艺简约,与新古典风格的搭配非常统一。一些喜好欧美装饰风情的家庭,往往把壁炉作为点睛之笔带进家里,尤其是有宽敞大厅的别墅、复式套房等。

木头是最传统的壁炉燃烧材料,木头燃烧可创造出热量。如

第五章　室内设计的部件构造

果你选择了新古典主义风格，那么可以在家里设置一个壁炉，放上几块木头或者燃料，看着它慢慢燃尽，一个从开始到结束，一段从微弱到强烈的过程，心中会有一种说不出的满足感。

燃气（天然气、液化气）是一种可靠并且使用简单的燃料，它的一点一滴都如同木头燃烧的优美效果——燃气燃烧装饰已经先进到可以控制器来控制整个房间的温度，如同空调一样，图5-54为燃气壁炉。

图 5-54　嵌入式燃气壁炉

木芯颗粒（图 5-55）是近十年来在欧美流行的环保节能燃烧材料。它的主要成分是木屑、农作物的秸秆、坚果的外壳，经过粉碎挤压而成，在处理过程中经过出湿工艺，达到无烟程度。

图 5-55　木芯颗粒

第三节　楼梯与玄关

一、楼梯

（一）楼梯

楼梯在平时作为垂直交通，在紧急时是主要疏散通道，因此必须按设计规范进行设计。

楼梯的功能和多种处理方式，使其在建筑空间中有着特殊的造型和装饰作用。一般有开敞式和封闭式两种。楼梯也常作为空间分隔和空间变化的一种手段（图 5-56）。

图 5-56　开敞式楼梯

楼梯前的台阶常作为楼梯的空间延伸而引人注目，起到引导的作用。

楼梯在中西方不同历史时期，都具有不同的传统做法，因此也常代表每一时期的风格。

第五章 室内设计的部件构造

(二)自动扶梯

据说在商场中,营业额随楼层的升高而减少,因此,自动扶梯现在各大商场、酒店已非常普遍,如图5-57所示。

图 5-57 自动扶梯

据有经验的经营者说,布置在正对着自动扶梯上来的营业柜台要比布置在其他位置的营业柜台营业额要高得多。由此可见,自动扶梯除作为运行工具外,还有其不易看得见的作用。设计者在布置时应予以考虑。

(三)电梯

乘电梯的目的是希望比走楼梯快而省力得多,因此欲乘电梯者,都是有比较急切的心情,希望更快地到达目的地,所以在电梯厅内停留等候的时间一般较短,设计者没有必要去扰乱顾客的心情。

此外,双排或单排的电梯厅面积一般均按规范要求确定,空间很有限,因此在装饰上,大都比较简捷,不需要过多的装饰,更没有什么陈设,特别是影响交通的东西,如图5-58所示。但作为公共进入的必经之地,常用坚固耐用、美观的材料,如花岗石、大理石、不锈钢等。

图 5-58　电梯厅

露明电梯能使人的视线从密闭箱中解放出来,获得随运行时观赏变化景观的作用,因此又称景观电梯(图 5-59)。

图 5-59　景观电梯

二、玄关

(一)玄关的功能与作用

不同建筑类型和不同地区,对玄关有不同的要求,作为纯交通性的玄关,一般来说可以压缩至符合疏散要求的程度即可。

玄关作为进入建筑的起点,它除了担负着组织交通的枢纽作用外,作为空间的起始阶段,其空间形状、大小、比例、方向,除按本身功能要求外,还应作为整个空间序列的有机组成部分来考虑。

(二)玄关的类型

玄关的形式,根据具体情况有不同的处理方法,主要有三种类型:一是有明确的界定,具有独立的空间——独用玄关(图5-60);二是与其他厅室的使用功能相结合——多用玄关(图5-61);三是具有多层次的玄关组织。

图 5-60 独用玄关

图 5-61　多用玄关

由于玄关有较大的可塑性，特别和立面、入口的处理关系十分密切，因此，也常根据立面造型的需要，加以进一步调整。

第四节　装饰材料

一、材料的分类

当前艺术观念不断开拓，装饰材料范围也在不断扩大，越来越多的新技术、新材料以新的形式和新的表现方法出现在人们的视野中，极大地丰富了装饰设计的艺术形态，并影响到人们设计思维与观念的转变，材料也由传统的布、纸、木、石、陶、漆、木板、纤维等拓展到金属、蜡、火药、化学物品、计算机影像及电子材料、光学材料、磁性材料和能源材料等。人们对材料的掌握首先建立在认知基础上，从不同的出发点对材料有不同的划分。

第五章　室内设计的部件构造

（一）按材料加工程度分类

1. 自然材料

自然材料指天然形成，未经加工或几乎未经加工的情况下即可使用的材料。这类材料又可以分为有机材料和无机材料。如竹、木、橡胶、丝绢等属于前者，而石材、黏土属于后者，能给人质朴、真实的感觉。

2. 人工材料

人工材料指由人手工劳动制作而成的材料。它是多学科、多种技术和新工艺交叉融合的产物，可分为两类：一类是以弥补天然材料的缺点为目的而制作的材料，如人造革、人造大理石、人造花岗岩、人造钻石和人造橡胶等；另一类是自然界中并不存在的材料，如部分金属、合金、塑料、玻璃等。

3. 综合材料

综合材料介于自然材料与人工材料之间，它弥补了天然材料的部分不足，并且成本又较人工材料低，所以运用广泛。综合材料的范围很广，从工农业产品到日常生活用品，常用的有纸、胶合板、混凝土与陶瓷等。

（二）按物质结构分类

按物质结构分为四类：金属材料、非金属材料、有机材料和复合材料。

1. 金属材料

金属材料是指金属元素或以金属元素为主构成的具有金属特性的材料的统称，包括纯金属、合金、金属材料和特种金属材料等。

2. 非金属材料

非金属材料是由非金属元素或化合物构成的材料。以天然的矿物、植物、石油等为原料制造合成了许多新型非金属材料，如水泥、陶瓷、橡胶、塑料、合成纤维等。这些非金属材料具有的优异性能超过许多天然的金属材料。

3. 有机材料

以构成生命体的主要物质如碳化物、碳氢化合物及其派生物等高分子物质构成的材料。有机材料中有天然的,如木材、竹子、橡胶和树脂等。

4. 复合材料

由两种以上的材料组合而成,具有单元材料无法实现的新功能的材料,如胶合板、钢筋混凝土及各类玻璃钢等。

(三)按材料的形态分类

材料为装饰设计提供了物质基础,由于装饰设计材料种类繁多,分类方法也是多种多样的。如按材料的形态分为四类:颗粒状材料、线状材料、片状材料和块状材料。

除了一些传统的材料,还有一些以往被认为没有价值的材料,如废弃的工业品、电子元件、塑料、泡沫、纤维等能唤起人们的记忆和经验,也被纳入现代装饰设计材料之中。

材料的物理功能研究开发已久,而材料的审美语义研究才刚起步。由于材料丰富,绘制加工的方法多样,材料在作品中会产生各种不同的艺术效果。还因人们所处的生活环境、成长阅历存在差异,对材料感觉不同,也会形成各自的视觉、触觉及心理的美感差异。

二、材质

要是没有足够的材质对照,许多设计方案将显得枯燥或者没有生机;大多数方案都能从至少三种材质变化的介入而得益。事实上,让两种非常不同的材质布料彼此相对,能够立刻使一个装饰方案变得生机盎然。质地不同还影响了人们对于颜色的感知,因为各种材料吸收和反射光线的效果不尽相同。设计师通常会把反光材质——比如光泽涂料、釉面瓷砖、丝绸纺织品、高抛光家

第五章 室内设计的部件构造

具等,和消光材质——比如厚重的小地毯或者地毯、粗花呢、亚麻布、糙木头和无光涂料等,进行混搭,从而给设计方案带来生机和趣味。材质对比不必只局限于柔软的饰面材料,叠加坚硬的材质比如毛玻璃、纹理丰富的木材、光滑的石料等能为最简单的空间带来立体感。

纹理或者花样,不但可立即把风格带入空间之内,而且它还是一种具有实际功能的选择,原因在于它掩盖了在素色平面上本来容易窥见的斑点瑕疵。此外,纹理花样还有助于打破大面积的素色表面,从而把动感带进一个设计方案当中。它能产生视性错觉,墙壁上的垂直纹理能使墙壁显高,水平纹理则好像可以降低天花板的高度。设计师需要根据纹理花样所处的空间和观看的角度来设计纹理使用的范围。例如,当从一个大空间的远处看时,小幅纹理花样可能只具有几何效应,而在一个封闭空间里使用大幅纹理花样,则很可能有让人眩晕的功效。然而,规矩的产生是用来打破的,一位自信满满、经验丰富的设计师往往能以不常见的方式妥善处理各种尺寸的纹理花样,并使其呈现出让人惊绝的效果(图 5-62)。

也许对现代社会的设计师来说,为室内设计挑选产品的时候,最重要的考虑因素是产品的可持续性。也就是说,他们必须心怀一种概念,使室内装饰中使用的资源材料不会给环境造成消极的影响。虽说建筑物在它的建造、应用期间甚至拆除的时候对环境的消极影响为零,这种理想目标极难达到,但至少存在着一个个的设计抉择,设计师如果认真去做,就可接近这种理想状态。设计师必须从整体功能着眼,去思考每种产品造成环境污染的可能性,从它的原材料的开采,到使用期间对环境的影响,到最终的遗弃,步步追踪,细致考虑。

同样重要的是,设计师应保持个人产品库的及时更新,并时刻考虑这些产品的实施新方法。为了做到这一点,也为了开列好装饰产品名单,设计师需要同时具备运用这些产品的技术知识,以备不时之需。

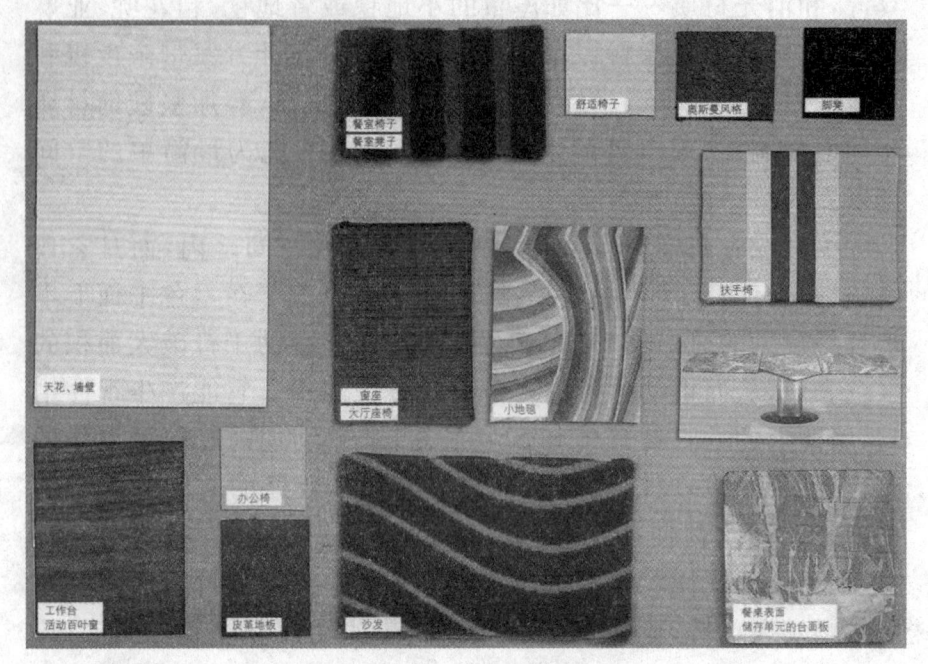

图 5-62　不同的纹理

三、材料的审美

（一）工艺美

材料是工艺设计和制作过程中审美信息的转化和传递的载体。晶莹的玉石、坚实的青铜、质朴的泥土、柔韧的竹子、庄重的木头、纯净的象牙等，都因表现着不同材料的不同个性特征而具有美的本质。当材料的个性特征得到恰如其分的发挥，工艺美就自然显露。工艺对材料的影响很大，并直接关系到产品造型和价值，如钻石经过加工雕琢折射光芒。因此，材料的审美也是工艺加工产生的结果。所以有人说，材料美学是一门研究材料审美特性及材料的加工方法和使用方法的学科。

第五章 室内设计的部件构造

(二)材质美

人对材质的感觉产生于材料的表面,材料的美感主要通过材料表面的色彩、纹理、结构、光泽和质地等体现。不同的材料,或通过不同的工艺加工的同一种材料,会给人不同的触觉、联想、心理感受和审美情趣。人们通过视觉和触觉,感知和联想来体验材质美感,如石头、木头、树皮等传统材质总会使人产生一种朴实无华、自然典雅的亲和美,如图 5-63 所示,而玻璃、钢铁、塑料等又给人一种冰冷光洁的强烈现代气息,如图 5-64 所示。

图 5-63　木质的亲和美

图 5-64　玻璃、钢铁的现代化气息

质感有两个基本属性：一是生理属性，二是物理属性。人们将这种材质的审美带到设计中，会使设计作品或多或少地带上情感倾向。

四、材料的语义

材料的材质肌理是装饰设计的外在因素，材料的语义肌理是装饰设计的内在因素。语义对于传递创作者的观念、装饰物的内涵有着积极的意义。同一种材料都有一些基本的语义，但也会随时代、环境的不同而发生变化，下面归纳一些有代表性的材料来说明其语义。

（一）纸材料的语义

纸采用的是天然植物纤维原料，具有质地随和、光滑简洁和容易加工的特点，是现代生活不可缺少的材料，用它来制作装饰绘画是理想的材料。纸透气性好，有利于生鲜、食品的包装，便于纯解和回收，是使用最广的绿色环保包装材料。近年来，印刷用轻型纸由于纤维比重小、质地松厚、价格低廉、色泽柔和、环保舒适备受人们的青睐，已部分取代了胶版纸和铜版纸。

（二）木材料的语义

木材环保、材质轻、弹性好、韧性高、易加工，是自然材料中和人关系最为密切的天然材料之一，它给人温暖柔和、花纹自然和色泽朴素的视觉和触觉肌理美感，在现代装置装饰中是主要的材质。由于木材是自然的有机材料，故也容易变形开裂，易蛀易燃。

（三）漆材料的语义

"漆黑"这个词说出了漆材料的美学本质特征，它黑得深邃，而且推光（经手掌推出光泽）后能产生含蓄温润的光泽，可以增强作品的审美功能，即使和高贵的金银在一起也不逊色。漆艺的美

第五章　室内设计的部件构造

在于看得见、摸得到的材质和工艺,五彩的螺钿、朴素的蛋壳、金银铝箔粉等材料语言,髹涂、描绘、镶嵌、刻漆、雕填、研磨、变涂、堆漆、沈金等工艺手法,营造了漆艺质朴淳厚的视觉效果、清逸淡雅的艺术个性。

(四)金属材料的语义

金属材料坚固耐久,质感丰富,品种繁多,随着科技的进步,金属材料会越来越发挥它的优越性。如不锈钢、铝合金、太空铝等金属材料,它们锃亮、坚硬、耐磨、耐腐蚀的物理和机械性能,都给人以刚毅、冷酷、时代感的基本语义。另一金属如黄金、银、白金等具有高贵感,更是一种财富地位的象征。

(五)纤维材料的语义

棉、麻、丝、毛等纤维材料会让人们联想起过去的生活体验,有天然、传统、亲和、环保等语义内涵。冬季的棉袄给人温暖、柔和的感觉,夏季的真丝衣裙给人凉爽、轻盈的印象,这是纤维材料最基本的语义。在封建社会,普通百姓穿棉布衣服,"布衣"有贫穷低下的含义;封建诸侯、达官贵人穿丝绸织造的衣服,有华丽尊贵的象征;皮草服饰在一定的环境中是地位、身份的标志。纤维壁饰因肌理丰富、色彩艳丽、加工简便而受到大众的欢迎。

(六)玻璃材料的语义

玻璃既可产生视觉的穿透感,也可产生效果极佳的隔离效果;既有晶莹剔透的明亮,也有若隐若现的朦胧美;既可营造温馨的气氛,也可产生活泼的创意表现,能够产生光怪陆离、浪漫、梦幻般的感觉。玻璃与钢材在高技派建筑设计风格中,派生了高技术、时代感的语义。如玻璃灯具增添了室内的艺术效果,风格迥异的玻璃隔断给人以美的享受,毛玻璃透光的同时又可呈现宁静的效果。这些人们从日常生活中获得的经验,随着新型玻璃、钢化玻璃、防弹玻璃的出现也在慢慢改变。

（七）塑料材料的语义

塑料是一种以高分子量有机物质为主要成分的材料，在制造及加工过程中，可以用液态来造型。塑料作为人工合成的造型材料，它的自由成型性和易加工性使其能很好地满足设计师的造型要求。塑料的基本语义来源于生活经验，它可塑性强、材料丰富、用途广泛、价格便宜，如一次性塑料杯、塑料袋、气球等。但塑料的语义也是随着新材料的出现而发生变化的，如工程塑料（塑钢）保持了塑料的优势，还具备耐腐蚀、强度高的特点，可与钢材相媲美，甚至飞机、汽车的零部件也由塑钢材料代替。

（八）陶瓷材料的语义

瓷土（高岭土）是陶瓷的主要材料，有着丝绢光泽的白色软质矿物。釉与坯同样是由岩石或土产生的，它比坯容易在火中熔化。在材料世界中，瓷土、釉材料有抗高温、超强度、多功能等优良性能，其材料和工艺语言充分渗透人的主观因素，在一定程度上体现了人与自然的和谐统一，更能表达装饰艺术设计的语言。

随着科技的进步，新材料越来越多地涌现，其艺术表现力也越来越丰富，满足装饰艺术设计创新多样的要求；材料也不再是一种单纯的载体和工具，而是一种装饰艺术设计的创作手段。

五、可持续节材

（一）设计中的节材

设计中的节材，可以从以下几个途径来达到：一是室内设计的尽早介入，二是减少装修材料使用的绝对数量，三是合理选择装修材料的档次，四是尽可能采用加工能耗低的传统天然材料。

由于室内设计所需处理的问题更加微观，需要切实考虑建筑建成后的实际使用才有可能真正做到设计的合理、周到，但由于

第五章 室内设计的部件构造

建筑师常常更加关注建筑尺度上的问题,而对室内微观尺度上的问题不是不尽擅长,就是疏于考虑甚至懒得考虑,从而导致建筑设计与日后室内使用实态脱节严重,在这种情况下,室内设计时出现对原有建筑内部的改动也就在所难免。

因设计原因而造成的材料浪费,一部分原因是由于设计师不了解材料的规格、性能,导致设计师的施工构造设计不尽合理;仅凭视觉判断来确定室内构成元素的大小划分和比例确定,导致不能材尽其用,致使浪费增多,而且,这样的做法有时还会对室内环境的艺术形象造成不利的影响,如有些室内界面的造型块面大小超出材料的最大尺寸,施工时必须拼接,而拼接产生的拼缝,即使是采用再高明的手段,也不可能真正达到严丝合缝,不露一点痕迹的程度,也许在施工刚刚结束时,依靠表面涂料可以暂时掩盖这些拼缝瑕疵,一旦时间稍长,就可能会因为温度、湿度的变化而产生收缩变形,形成裂缝。

因设计而造成材料浪费的另一个原因则是由于设计师还没有树立可持续设计的节约思想,在设计中没有采取必要的节约措施。除了室内装修本身,这种简约思想也应该体现在室内陈设的设计与选用上。

北欧设计的简约理念值得我们学习,他们充分结合建筑本身的空间形态,把主要的精力放在室内空间本身的塑造上,而不是依靠舞台背景式的界面和材料的堆砌来实现室内空间的丰富,这样的例子不胜枚举(图5-65)。

芬兰家具设计大师约里奥·库卡波罗教授的家具设计,则是北欧简约风格在家具陈设领域的又一个优秀范例。他与赫尔辛基艺术与设计大学研究员方海先生以及笔者等共同开发的东西方系列椅,就是这种简约思想的具体体现。

合理选择装修材料的档次,这是在设计中节材的另一个重要途径。追求"豪华",正在成为我国室内环境设计中一个十分危险的倾向,如在某些室内环境设计中过分使用不锈钢、铝板、铜条、锦缎、高档木材、大理石、豪华灯具和家具陈设等高档材料和设施,这种风气不仅出现在大型公共建筑的室内环境设计中,甚至在某些住宅中也出现同样的现象,这不仅造成材料与经济的浪费,而且材料的堆砌容易使人产生庸俗之感。因此,无论是设计师也好、业主本人也好,都应该以可持续发展的节约思想作为室内环境创造的指导原则,尽量减少室内材料的浪费。对于设计师来讲,应该主动承担起自己的社会责任,尽可能地采用价廉而质优的当地材料,或者回收利用旧的材料。对于业主来说,不应该再以自我为中心,随意支配自己的行为,认为只要用的是自己的钱,随便自己怎么花费、怎么浪费都只是自己的事情,与他人无关。事实上,在未来的生态社会中,个体已经不再是过去意义上独立的"自己",而是整个社会系统中的一分子,其行为必须受到社会整体的制约。

图 5-65　北欧简约设计风格

设计师们应该确立这样一种概念,即传统材料不等于就是过时的材料。盲目地推崇现代材料,往往会造成经济的浪费,同时,全球化的现代材料也会使建筑失去其应有的地域性、民族性特点,从而导致建筑面貌的千篇一律,而传统材料或地域性的天然材料则恰恰能够很好地弥补这一不足。

(二)施工中的节材

除了切实把好设计节材这道关口,还应该注意施工中的节

第五章 室内设计的部件构造

材。施工单位应该严格施工管理,管理好施工过程中材料运输、储藏、施工安装等各个环节,尽可能少地减少材料的施工损耗和意外损坏。施工人员应该严格按图施工,还应该对材料的规格、性能有较好的了解,根据材料的出厂规格,预先制定好最合理省料的材料裁切、排布和连接构造,在保证施工效果的前提下充分利用边角料,从而更好地做到施工节材。

(三)天然材料的合理使用

1. 木材

木材在建筑中的使用,也许与建筑具有同样长的历史。这是一种自然的、可再生的建筑材料,其生长过程能够吸收二氧化碳释放出氧气,因此对空气质量有着积极的影响,是一种对环境友好的建筑材料,应该有限度地使用。

近代以来,全世界的森林资源遭到了越来越严重的破坏。到19世纪末,一些相应的公共政策开始出台,并在20世纪初得到贯彻实施,有效地保护了原生森林,激励了对森林管理科学的研究和开发。自20世纪70年代早期,可持续发展林业的概念,已经逐渐地得到人们的认同和青睐,但是直到最近,才开始从"可持续发展的产出"这一思想中获得进一步发展。根据这一思想,大面积的砍伐方式仍是允许的,但木材的收获量不能超过森林的自我替代恢复率,这一精神更全面地强调了对生态体系的保护和再创造。

严酷的事实告诉我们,保护森林资源,维持生态平衡已刻不容缓。目前,国家已经制定出相关的政策和措施,包括绿化荒山、退耕还林等,但是由于种种原因,这些政策的落实很难得到保证,某些人出于私利,置国家政策和生态保护于不顾,以至于植树造林也出现了"豆腐渣工程"。由此可见,保护森林资源的工作在我国仍然十分艰巨。

尽管目前世界木材市场上仍只有部分木材拥有这类证书,但有关的验证组织的数量却在稳步增加,它们的目的就是要为木材资源和木材市场提供第三者的客观评价,使消费者能够区别出那些用非破坏性方式采伐加工的木材产品。热带雨林联盟是迄今世界上最大的木材验证机构,通过其"精雅木材"证书计划,制定有关的原则和指南,根据这些原则和指南,对木材和木材产品进行检验,对严格按照"精雅木材"要求进行操作的木材开发商发给"可持续发展"证书,对严格遵照"精雅木材"原则和指南进行管理的木材资源发放"管理良好"证书。其他一些相关的验证机构还有:"绿十字证书""可持续林业研究院""劳格生态学院""英国土壤协会"等,另外还有一些木材零售商如史密斯与豪肯公司等。

　　从上面的分析可以看出,木材这一传统材料,虽是一种性能良好、加工方便、视觉感受优良的可再生建筑材料,但由于其再生是有条件的,因此,对于这种材料的运用也是有条件、有选择的,而并非像有些人想象的那样,只要是在建筑中使用木材,就必定是环保的。在一些木材资源短缺的地区,应该尽量少用或不用木材作为建筑与室内装修材料,即使是在那些木材资源丰富的地区,也应该有计划地开采和选用木材资源。我国实际上是一个木材资源并不富裕的国家,但是,近年来,随着人们生活水平的不断提高,装修业的逐渐兴盛,人们对木材的需求量正在逐年提高,再加上近年来人们对目前装修市场上常用的一些人造装修材料所具毒性的认识得到了普遍的提高,人们更加热衷于使用天然的材料,于是木材这种几千年来一直为人们所使用的建筑与室内装修材料益加受到人们的青睐,近年来我国家庭室内装修中席卷南北的"木装修"风被冠以"原木屋""小木屋"等各种美名应运而生就是一个很好的说明。表面上看这种时尚趋向于可再生材料的运用,是一种注重环保的表现,而且也是对于过去室内装修中高档材料堆砌之风的一种反叛,但是,从保护生态环境的总体要求来看,这种大量使用木材资源,尤其是进口高档实木材料的做法是不可取的。许多生产厂家正在积极寻求开发新的替代型环保材料,目前市场上已经出现了一些具有各种环保证书的人造复合型装修材料,如无毒环保型人造复合地板、各种环保型的人造贴面板材等,这些材料具有良好的环保性能,其耐磨性、强度、抗污性等物理性能不低于天然木材,其外观也可以模仿各种天然纹理,装修效果良好。但是,由于受传统观念以及价格等因素的影响,这些材料仍然没有得到很好的推广。

在北美,有一种策略正在变得越来越流行,那就是采取单一品种的经营模式生产人工合成的木纤维产品,如定向纤维板,用于外包装和格栅。这种做法的主要优点就是提高木材的生产和使用效率。

现在,许多人正致力于对木材性能及用途的研究,以促进对木材资源的有效利用,其中爱德华·库里南建筑事务所就是其中的一员,由他们设计的英国多赛特郡的威斯敏斯特小屋在这方面做了有益的尝试。该建筑是研究圆木在建筑结构中的特性的实验性建筑,是由工程师布洛·哈泊尔德以及巴斯大学的科学家们与在霍克·帕克学院的施工队通力协作从事的研究项目,是霍克·帕克学院供学生住宿、进行课程训练的场所。建筑体现了生态住屋的发展趋势与方法,它是用木材下脚料——林业生产中的副产品所建造的。

纸,是一种由木材加工而成的木材的延伸材料,虽然在加工过程中也会消耗一定的能量,但纸也是一种很容易回收的材料,不过出于对这种材料的常规认识,这种材料过去极少用于建筑与室内环境设计之中。事实上,在建筑与室内环境设计中,纸质材料蕴含着巨大的潜能,包括节约潜能和美学潜能。

2.羊毛

羊毛具有十分良好的隔热性能,而且不易燃烧,是良好的保温隔热材料,也是地毯等地面铺垫物最为合适的原材料之一。但是,值得注意的是,一般的羊毛及其制品的加工、储藏和运输等过程,都会使用大量的化学杀虫剂,这些杀虫剂的成分会长时间地留存在羊毛制品之中,在日后的使用过程中慢慢释放出来,对人体造成一定的危害。在选用室内羊毛地毯时,应尽可能选用无毒地毯,无毒地毯是以纯净的未经玷污的羊毛制成的,制造时用于防蛀的合成除虫菊酯含量极小。

3. 作物的秸秆

世界上几乎所有的地方,都有将稻草等作物秸秆作为建筑或室内材料的传统,今天,作为可持续的建筑材料,作物的秸秆在美国西南部、澳大利亚和新西兰的半干旱地区使用非常普遍。

这种产于当地的农作物资源,是很好的环保建材。它在视觉上也是一种令人愉悦的建筑装饰材料,既可以直接使用,也可以用它加工成壁纸等各种表面装饰材料,用于建筑的室内外装饰。

在英国,使用稻草做成的板材来做轻质墙体已经十分普遍,如图 5-66 所示。这种墙体无须额外的加强筋,又有良好的隔热性能和吸湿性能,是一种十分理想的可持续材料。

图 5-66　稻草制成的板材

4. 芦苇和茅草

用芦苇和茅草等野生植物作为建筑的屋面材料,这在北美已有几个世纪的历史,在殖民地时期之前,当地居民就一直都用芦苇来做屋顶(图 5-67)。用茅草等覆盖的屋顶,隔热性能好,寿命长。

在亚洲,在建筑中使用芦苇、茅草等野生作物的情况就更为普遍,居住在我国西南的许多少数民族基本上都以茅草作为建筑的屋顶材料。

芦苇和茅草作为一种可再生的建筑材料,无论在国外还是我国,都还是一种待开发的资源。现在芦苇制成的系列建筑产品如窗帘、篱笆和室内镶板等都从亚洲输入美国。

图 5-67　芦苇材质的屋顶

5. 竹子

竹子是芦苇的近亲，是建筑中除木材以外使用较多的一种自然植物材料。竹子分布地域极广，蕴藏量丰富，全世界约有竹林面积 2200 万公顷，我国的竹林面积约 720 万公顷，分布在 27 个省、地区，中心产区在浙江、江西、福建、湖南四个省。竹子品种繁多，其中毛竹是最具有商业价值的竹种。

竹子纹理通直、整齐，硬度高、质感致密细腻，加工后光洁度好，视感舒适，有很好的装饰性，其特有的节点纹理，使用竹子直接装修的室内环境或用竹材生产的家具具有很好的亲切、自然和回归感，隈研吾在长城脚下的公社中设计的"竹屋"，就是这类例子的典范（图 5-68）。

竹子较强的结构强度使其可以直接地广泛应用于各种小型建筑的结构构件，由于竹子特殊的纤维组织，使其具有良好的柔韧性和可弯曲性，可根据需求加工成各种弯曲形状，满足产品的人体舒适性要求。新近设计的原竹制作的坐具，将我国传统竹家具的制作手法与现代家具的设计手法结合起来，既具有鲜明的现代形式特征，又带有浓郁的传统乡土特色获得了设计师们的好评。

(a)

(b)

图 5-68 隈研吾"竹屋"

竹子的利用在中国已有上千年的历史,而且早已成为中国文化的一部分,许多少数民族的传统建筑都是由竹子建成,如图 5-69 所示。今天,借助于现代技术,可将竹材生产成各种厚度、幅面的板材、方材、圆棒,可以旋切、刨切成竹皮。

由芬兰著名家具设计大师约里奥·库卡波罗教授与芬兰赫尔辛基艺术与设计大学研究员方海博士设计的系列竹成材家具,在米兰国际家具展等国际著名家具展览中展出后,得到了国际家具与室内设计界的一致好评,即将进入市场化阶段。

第五章 室内设计的部件构造

图 5-69 傣族竹楼

6. 亚麻

亚麻是可用于建筑的另一种可再生的植物材料,在欧洲,亚麻很早就被投入商业开发,其纤维可用于生产隔热材料,有效地调节室内空气湿度,防止由潮湿而引起的室内霉菌孳生,保持室内空气的新鲜洁净。亚麻织物还具有极好的质感和纹理,如图 5-70 所示,是很好的室内装饰用品。

图 5-70 亚麻织物

7. 石材

自古以来,各种各样的石材被广泛用于建筑装饰材料。这种天然的建筑材料耐久、美观、无毒,是许多其他材料所无法比拟的。

但是，石头的开采可能会带来十分严重的环境代价，包括径流的破坏以及由采矿造成的污染等。石料从加工、成材到运输都消耗大量的能量。因此应该尽可能地使用当地石材，以减少运输的耗费，同时也为地方建材市场的繁荣打下基础。

目前，国内的室内装修业流行着一种不太健康的风气，那就是盲目地追求石材的高档化、进口化。许多来自于国外的高级石材，尽管纹理精美，装修效果较好，但由于运输、销售等方面的原因，因而价格较高，从生态的角度上来说，这是非绿色的。

石材的放射性污染应该引起人们的足够重视，有些石材含有放射性元素氡，人体暴露于这种元素的放射性之中会造成严重的健康损害。因此严格来说，只有那些经检测不含有放射性元素或其他有害物质的石材才真正适合于可持续室内环境的营造。

8. 泥土

在世界的任何地方泥土都是一种传统的天然建筑材料，不管是建筑的本身还是室内环境，都有其用武之地。

现代建筑毁弃后，建筑垃圾多数是不可降解的，无法主动回归自然，其堆放和处理造成了很大的环境压力。因此有许多建筑师正致力于研究利用泥土，建造现代生土建筑。他们指出，泥土是最可利用的物有所值的建筑材料之一，由于其实用性，世界上几乎 1/3 的人口仍生活在土屋中，他们绝大多数是在发展中国家。

泥土与石材一样，可能含有放射性元素，因此，当选择一块地基时，研究地基土壤的特性就显得非常重要，我们可以通过检测，确定土壤是否含有放射性元素、是否被污染。

第六章 室内设计的细部设计

室内设计是一项综合性的设计形式,对于室内细部设计而言,应该具有一定的创造性。因此,在对室内的细部进行设计过程中一定要有创新能力。本章重点论述的是关于室内设计的细部设计。主要包括五个方面的内容,即空间组织、色彩搭配、采光与照明、家具与陈设、绿化与织物装饰。

第一节 空间组织

室内的空间设计通常都是通过对空间的组织来实现的,空间组织一般而言重点表现在空间的分隔和组合两个方面。依据空间的基本特征、功能以及心理要求和艺术审美等多方面特征都存在一定的差异,室内空间的分隔与组合往往都会表现出多方面的类型。

一、室内空间类型

(一)集中式空间组织

集中式空间组织通常都是以一个空间母体作为主结构,一些次要的空间围绕展开而成的一定的空间组织。集中式空间组织是一种十分理想的空间模式,具有能够表现出神圣或者崇高场所精神以及表现带有典型纪念意义的人物或者事件的特点特征。

其中,主空间的形式是观赏的主体部分,要求具有几何的规划性、位置集中的样式。

近现代共享空间存在的最大特点就是可以从感官的角度唤起人们对空间的幻想,它以一种十分夸张的方式,将人们放置于建筑舞台的中心。

现代社会中,共享空间的出现,为现代社会城市公共空间的发展振兴提供了一种极为典型的模式,它展示出的是一种广受人们欢迎的、大众化的城市和较少清教徒气息的建筑空间形式。

(二)"浮雕式"空间组织

1. 下沉式空间

室内地面局部下沉,在统一的室内空间中,往往都能够产生一个界限十分明确、富有独特变化的独立空间形式。因为下沉地面的标高要比周围的地面稍低,所以有会产生一种隐蔽感、被保护感与宁静感,使其能够成为一片带有私密性的小天地。

2. 地台式空间

这种空间类型和下沉式空间恰好相反,如将室内的地面局部升高,也可以在室内形成一个边界非常鲜明的空间形式,同时,其在功能、作用等方面基本上都与下沉式空间相反。在公共建筑中,如现代化的茶室、咖啡厅等场所,比较常用的就是升起阶梯形地台方式设计,使顾客能够更好地看清楚室外的景观(图6-1)。

3. 内凹和外凸空间

内凹空间通常都是在室内局部退进的室内空间形态类型,特别在住宅建筑中运用比较普遍。由于内凹空间通常只有一面开敞,因此在大空间中自然少受干扰。

依据凹进的深浅和面积的大小不等,能够作为多种用途的布置。在住宅中多数利用它布置床位,这是最理想的私密性位置。许多餐厅、茶室、咖啡厅也常利用内凹空间布置雅座。

大部分的外凸空间都希望将建筑能够更好地伸向大自然、水

第六章 室内设计的细部设计

面,达到三面临空,饱览风光,使室内外的空间很好地融合在一起;或是为了改变空间的朝向方位,采用一种锯齿形的外凸空间,这也是外凸空间的具有的典型优点。住宅建筑中的挑阳台、日光室等都是这一类型(图6-2)。

图 6-1　地台式咖啡馆

图 6-2　外凸空间

4.回廊与挑台

回廊与挑台是一种室内外空间中独具一格的类型。回廊常

室内设计方法与细部设计

常采用在门厅和休息厅中设置,以此来增强其入口的宏伟、壮观的印象以及丰富垂直方向的空间层次感。

挑台通常都是居高临下的,提供一种较为丰富的俯视视角。现代旅馆建筑中的中庭设计,有很多是采用多层回廊挑台的集合体,并且还表现出了多种多样的处理手法与完全不同的艺术效果,借以吸引广大游客(图6-3)。

图6-3 室内回廊和挑台

(三)线式空间组织

线式空间组织方式其实就是一个空间系列的有机组合。这些空间不仅能够直接进行逐个连接,也可能是由一个相对单独的不同线式空间共同联系在一起的。

线式空间组合一般情况下都是由尺寸、形式和功能都相同或者相似的空间来重复出现所构成的。

在线式空间的组合设计中,功能上或象征上都具有极为重要的空间,可出现在序列的任意位置。

线式空间组织的典型特征就是"长",因此,它所表达的往往是一种方向性,具有鲜明的运动、延伸、增长的含义。

二、空间组织的设计

　　对于任何一个建筑的空间,其平面形式通常都会是多种多样的,功能分区同样也是如此,用地面的变化、楼梯的变化以及顶棚方面的变化去组织空间一定都是有限的,所以家具就应该可以成为组织空间的一种必要的手段。家具不但可以将大空间分隔为若干个小空间,还可以将室内划分成几个相对比较独立的组成部分。在中间摆放几个形式不同的家具使中间部分不仅具有分别,同时还应该具有联系,在使用功能与视觉感受方面也应该形成一种秩序井然的空间形式。

　　在室内空间中,不同的家具之间进行组合,能够组成不同的功能空间。如图 6-4 所示的沙发、茶几、灯饰,组成的起居、娱乐、会客、休闲的空间;图 6-5 所示的餐桌、餐椅组成的餐饮空间;如图 6-6 所示的整体化、标准化的现代厨房组合成备餐、烹调空间;图 6-7 所示的法国巴黎珠宝专卖店中主要由桌椅共同组成的接待区等。随着现代信息时代的不断发展,智能化建筑随之出现,现代家具设计师们也将创造出更加丰富多样的新空间。

图 6-4　会客厅兼具卧房功能

图 6-5 餐厅区划设计

图 6-6 餐厅备餐区划分

为了进一步提高内部空间的灵活性,通常都会利用家具对空间做出二次的组织。如充分利用组合柜和板、架家具等方式来组织空间,用吧台、操作台、餐桌等一些常规家具划分不同的空间,进而使空间不仅独立而且还相互连接。如图 6-8 所示就是以餐台

第六章 室内设计的细部设计

划分出来的起居室与餐饮空间。

图 6-7 法国巴黎珠宝店接待区

图 6-8 餐厅兼客厅的空间组织设计

第二节 色彩搭配

一、色彩三要素

我们经常会从色相、明度、彩度三个方面对色彩的视觉效果进行研究,并且还将它们当作分别与比较各种色彩的标准与尺度。色相、明度以及彩度就是人们常说的色彩三要素。

(一)色相

色相就是色别,是指不同色彩的本来面目,它所反映出来的是不同色彩各自所具有的品格,并且还以此区别出各种不同的色彩。我们平常所说的红、橙、黄、绿、青、紫等不同色彩的名称,就是所谓的色相标志。

在日常生活中,但是人们的肉眼所能够分辨出来的色相是很少的。作为一个室内设计专业的人员,应该努力提高自己的辨色力,还应该善于从大致相似的色彩中,发现其间存在的不同差别,如红色在朱红(红偏黄)、大红(红偏橙)、曙红(红偏紫)、深红(红偏青)间存在的差别。

十二色环主要包括了六个标准色及介于这六个标准色间的中间色,即红、橙、黄、绿、青、紫和红橙、橙黄、黄绿、青绿、青紫与红紫十二种颜色,这十二种颜色就是我们平时经常说的十二色相(图6-9)。这十二色相以及由它们调和变化出来的大量色相称为有彩色;黑、白为色彩中的极色,加上介于黑白之间的中灰色,统称无彩色;金、银色光泽耀眼,称为光泽色。

(二)明度

明度的意思是指色彩的明暗程度高低。它一般所说的具体

第六章 室内设计的细部设计

含义主要包括两点：一是不同的色相代表了不同的明暗程度。在光谱中呈现出来的各种色彩，主要以黄色的明度是最高的。二是在同一色相的色彩方面，由于受到的光是强弱不同的，明度通常也都是不同的，好像是绿色，往往会有明绿、正绿、暗绿等不同的区别。同样是红色，则主要是浅红、淡红、暗红、灰红等层次。

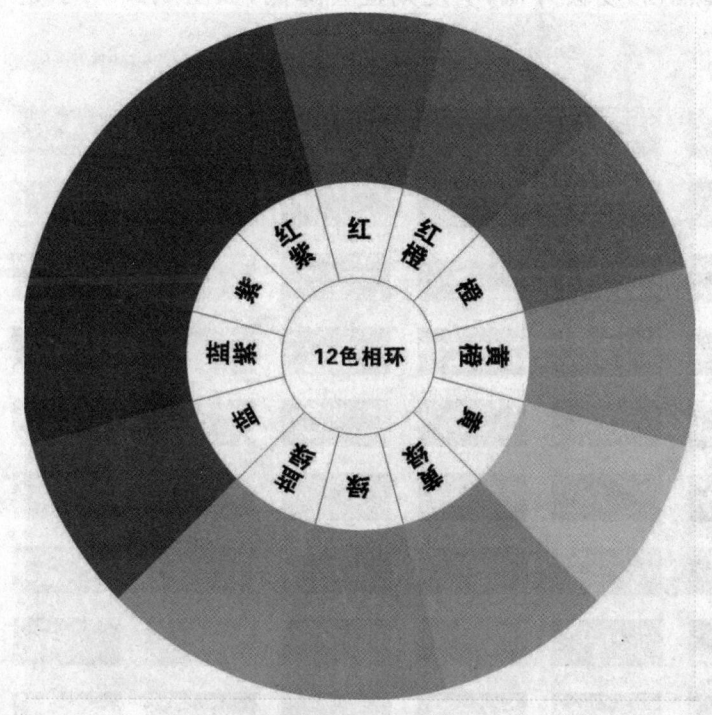

图 6-9 十二色相

以无彩色系为主要标准，可以将色彩的明度分成九级，如表 6-1 所示。

表 6-1 色彩的明度

1	2	3	4	5	6	7	8	9
白	最明	明	次明	中	次暗	暗	低暗	黑
	黄	橙黄、绿黄	青绿	青绿、橙红	青、红、紫	青紫	紫	

(三)彩度

彩度也可以称之为纯度或者饱和度,主要是指颜色的纯粹程度。当色素含量达到了饱和的程度时,这种色彩的特性才会被充分地显示出来。

标准色彩度最高,因为它既不能掺白也不会掺黑。在标准色中加入黑,彩度会降低,明度则也会降低,如图 6-10 所示是彩度的变化。

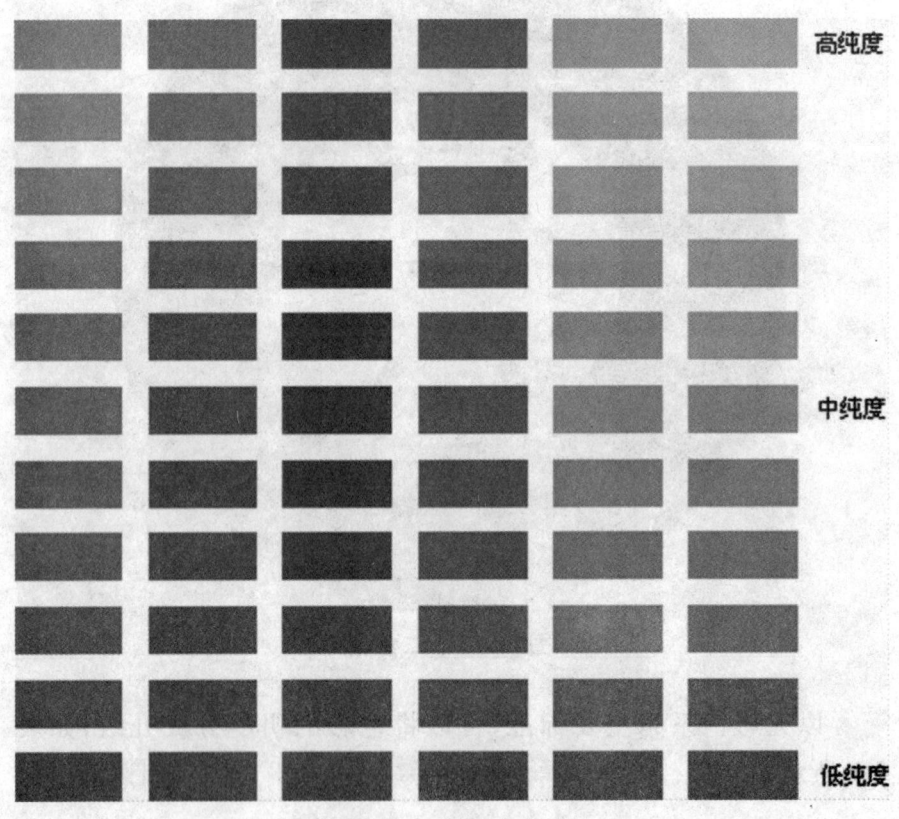

图 6-10 纯度变化表

在日常生活中,人们通常说的某色鲜艳夺目,实际上就是说它的彩度高;说某色有些混浊不清,其实就是它的彩度低。

二、室内色彩的作用

（一）色彩的物理作用

具有颜色的物体通常都会处于一个特定的环境中。物体的颜色与周围的环境之间在颜色上也是相互混杂的，或许出现的是相互协调、排斥、混合或反射的，这一定会对人们视觉效果造成一定程度的冲击，使物体的大小、形状等在主观感觉方面产生一定的变化。通常而言，这种主观感觉方面产生的变化，能够运用物理单位加以表示，所以也称之为色彩的物理作用。

1. 温度感

人们现实中所看到的太阳与火，都会很自然地产生一种温暖感，久而久之，当人们一看到红色、橙色或者黄色，也就相应地产生一种温暖感（图6-11）。海水与月亮则会给人带来一种凉爽感，于是，人们看青与青绿一类的颜色，也会相应地产生一种凉爽感。由此可知，色彩的温度感不过是人们的习惯反应，是人们在长期实践过程中积累的经验。

人们将红、橙之类的颜色称为暖色，将青类的颜色称为冷色。从十二色相中所组成的色环来看，红紫到黄绿属于暖色，以橙为最暖；青绿到青属则为冷色，以青为最冷；紫色则是由属于暖色的红色和属于冷色的青色共同合成的，绿色是由黄色与青色合成的，因此紫与绿也被称作温色；黑、白、灰与金、银等颜色，既不属于暖色，也不属于冷色，称作中性色。

色彩的温度感并不是绝对的，而应该是相对的。以无彩色与有彩色分析，有彩色要无彩色暖。从无彩色本身来看，黑色要比白色暖。从有彩色的本身来看，同一色彩中重点包含了红、橙、黄等成分偏多时则偏暖。所以，绝对而言，某种色彩（如紫、绿等）是暖色或者冷色，通常都是不准确与不妥当的。

图 6-11 暖色空间给人温度感

色彩的温度感和明度有着直接的关系。温度感还和彩度存在一定的关系,在暖色中,彩度越高越具有温暖感;在冷色中,彩度越高则越具有凉爽感。

在室内设计过程中,正确地运用色彩的温度作用,能够制造出特定的气氛,用来弥补不良朝向所造成的缺陷。根据测试,色彩的冷暖差别,主观的感觉可以相差 3～4℃。

2. 重量感

色彩所呈现出来的重量感首先是取决于明度。明度高则显得轻,明度低则显得重。从这一层意义来说,有人又将色彩分成了轻色和重色两种。

正确地运用色彩的重量感,可以使色彩的关系平衡和稳定,例如,在室内采用一种上轻下重的色彩配置,就十分容易收到平衡、稳定的视觉效果(图 6-12)。

3. 体量感

从体量感的角度来看,能够将色彩分成膨胀色与收缩色两种

第六章 室内设计的细部设计

类型。因为物体所具有的某种颜色,使人看上去能够增加其体量,这种颜色便称之为膨胀色;反之,缩小了物体的体量,则这种颜色属于收缩色。

图 6-12 上轻下重的色彩搭配

色彩的体量感还和色相存在极大的关系。通常而言,暖色具有一种膨胀感(图 6-13),冷色则具有一定的收缩感(图 6-14)。

图 6-13 暖色具有膨胀感

图 6-14　冷色具有收缩感

实验证明,色彩膨胀的范围大多是实际面积的 4% 左右。在室内的色彩设计过程中,能够利用色彩的这种性质,进一步改善空间的效果。

4. 距离感

色彩通常都能够分成前进色与后退色,或者称之为近感色与远感色。

所谓前进色,通常就是指可以让物体与人的距离看起来好像有所缩短的色彩;所谓后退色,通常就是指能够让物体与人之间的距离看起来有所增加的色彩。

色彩的距离感和色相之间存在一定的关系。实验表明,主要色彩通常都是由前进到后退的,排列次序是:红＞黄、橙＞紫＞绿＞青。因此,可将红、橙、黄等不同的颜色列为前进色,将青、绿、紫等颜色列为后退色(图 6-15)。

(二)色彩的心理作用

色彩的心理作用主要有两方面的表现:一是它具有悦目性,二是它具有情感性。

所谓悦目性,主要是说颜色能够给人以美感。所谓情感性,

第六章 室内设计的细部设计

主要是指它可以影响到人的情绪,引发一系列联想,甚至还具有象征作用。

图 6-15 色彩的距离感

不同的年龄、性别、民族、职业的人,对色彩的好恶都是不同的。在不同的历史时期,人们喜欢色彩的基本倾向也存在各自的差别。以家具为例,忽而流行的是深颜色,忽而流行的是浅颜色,这就是一个极好的例证。这也充分说明了一点,室内设计工作者不仅需要充分了解不同的人对色彩的好恶程度,同时还要注意色彩流行的总体趋势。

色彩的情感性主要表现为它可以给人一种联想,即可以让人联想起过去的经验与知识。因为人的年龄、性别、文化程度、社会经历、美学修养等存在一定的差异,色彩所引起的联想也是不同的:白色能够使小男孩联想到白雪与白纸,而小女孩则比较容易联想到白雪与小白兔。

色彩给人的联想往往是具体的,但有时候也是抽象的。所谓抽象的,主要是联想起某些事物的品格与属性。

红色:是血的颜色,最富有刺激性。

橙色:是一种丰收的颜色,明朗、甜美、温情而又活跃。

黄色:古代帝王的服饰与宫殿通常都是用黄色,能够使人感到光明与喜悦。

绿色：是森林的主调，富有勃勃生机。

蓝色：最易于让人联想到碧蓝的大海。蓝色往往带有一种极其冷静的颜色。

紫色：欧洲古代的王者大都喜欢用紫色，中国古代的将相也常常穿戴紫色的服饰。

白色：可以让人想到清洁、纯真、光明、神圣、和平等。

灰色：具有典型的朴实感，但是更多的则是使人想到了平凡、忧郁与绝望。

黑色：往往能让人感到一种坚实、含蓄、庄严、肃穆之感。

色彩的联想作用还会受到历史、地理、民族、宗教、风俗习惯等多方面因素的影响，有一些民族以特定的色彩来表示特定的内容，使色彩的情感性又进一步发展出了象征性。在中国的古代社会中，黄色则被视作皇帝的专用色。在印度，黄色同样也象征着壮丽辉煌。在古罗马时期，黄色主要用于帝王。在日本，黄色则被视作一种安全色，广泛地用在生产设备、交通设施以及儿童的书包与帽子上。但是，在西方的基督教国家中，黄色则一直被当作一种低级颜色，以致于人们将一些庸俗下流的新闻称作"黄色新闻"。从建筑的内外装修装饰方面来看，朝鲜族最常用的是白色，在他们看来，白色是最能反映出美好心灵的色彩；藏族则视黑色为高尚色，以致常常将黑色涂刷门窗的边框。上述的不同情况都十分清楚地表明：室内设计师在运用色彩的时候，不但需要充分考虑色彩所代表的一般心理作用，还应该熟悉和尊重不同民族在用色上的特殊习惯与传统。

(三)色彩的生理作用

色彩的生理作用首先应该体现在对视觉自身的影响方面。

人从暗处走到明处，需要过上半分钟或者一分钟的时间，才可以看清楚明处的东西，相反，人如果从明处走到暗处，也需要过上半分钟或者一分钟的时间，才可以看清楚暗处的东西，这种现

第六章 室内设计的细部设计

象则常常被称作视觉的适应性。在上述过程中,则分别将其称作视觉的明适应与暗适应。

通常来看,色适应的原理往往会被人们运用到室内的色彩设计过程中,一般常见的做法是,将器物的色彩补色作为设计的背景,以便消除视觉层面产生的干扰,减少视觉疲劳,使视觉器官能在背景色中获得一种平衡、休息。

不了解色彩所具有的生理作用,只凭主观的爱好做出色彩的设计,通常都是失败的。例如,鲜肉店的墙面如果采用了淡绿、淡青等冷颜色,相对来看就会让鲜肉的颜色变得更为鲜艳,相反,如果采用的是橙色等暖色的墙面,往往就会诱导产生一些橙色的补色——青色,进而就会给人一种鲜肉已经腐烂变质的错觉。

色彩的生理作用还进一步表现为对人的脉搏、心率、血压等都具有比较明显的影响。他们认为,正确地运用色彩也会对健康产生有益的帮助,反之,将会有损人的健康,甚至还做出了"色彩能够治病"的结论。下面是一些比较常见的色彩和生理方面的关系。

红色:可以刺激与兴奋神经系统,加速血液的循环,增加肾上腺素的分泌。所以,起居室、卧室、会议室等不应该布置太多的红色。

橙色:可以产生活力,诱人食欲,有助于钙的吸收。

黄色:可以刺激神经系统与消化系统,有助于提高人的逻辑思维能力。

绿色:有助于消化与镇静,可以促进身体的平衡,对爱好动者以及身心受到压抑者都是极有益处的。

蓝色:可以缓解人的紧张情绪,缓解头痛、发烧、晕厥、失眠等诸多不良症状。

橙蓝色:有助于帮助肌肉松弛,减少出血,还能够减轻身体对病痛的敏感性。

紫色:对于运动神经、淋巴系统以及心脏系统都产生一定的抑制作用。能够维持体内的钾平衡,具有一定的安全感。用在产房中,可以使产妇更加地镇静。

白色:对于一些易怒之人具有较好的调节作用,有助于保持人的血压正常。但是不宜使患孤独症者与精神忧郁症者长期生活于白色的环境之中。

黑色:具有一种清热、镇静、安定的重要作用,是一种极具随和的典型颜色,对人的健康不会产生消极影响。

(四)色彩的标志作用

色彩的标志作用主要体现在以下几个方面:一是安全标志,二是管道识别,三是空间导向,四是空间识别。

为防止灾害和建立急救体制而使用的安全标志,在国际上尚无统一的规定,但各国都有一些习惯的办法。以日本为例,他们把这些标志分为九类,即防火标志、禁止标志、危险标志、注意标志、救护标志、小心标志、放射标志、方向标志和指导标志。用来表示这些标志的颜色是:

红色:防火、停止、禁止和高度危险。

黄红色:危险和航海、航空的安全措施。

黄色:表注意。

蓝色:表属于轻度危险的注意。

红紫色:表存在放射性。

白色:表通路和整顿。

黑色:表方向的箭头、注意的条纹以及说明危险的文字。

用不同的色彩来表示安全标志,对于保证人的生命财产安全,提高了劳动效率与产品质量等有重要的意义。但是,太多地去使用安全标志反而会松懈人们的注意,甚至会造成人心烦意乱,不能很好地达到预期的目的。

在室内的色彩设计过程中,把色彩用在管道与设备识别上,将会有助于管道与设备的使用、维修与管理。法国著名的蓬皮杜文化中心就曾把各种管道暴露在结构外面,并且还根据不同的用途涂上不同的颜色。

三、室内色彩设计的搭配原则和设计要求

(一)室内色彩设计的搭配原则

1. 整体色调要和谐、统一

色调的统一和变化都是色彩处理的根本原则,然而只有统一而缺乏变化容易使色彩变得单调、沉闷,只有变化缺乏统一又容易使色彩变得杂乱无章。室内设计色彩的和谐性就好像是音乐的节奏与和声,二者之间只有完美地搭配起来才可以奏出十分和谐的乐章。色彩的协调通常都意味着色彩的三要素——色相、明度与纯度三者之间的靠近,充分表现出对比中的和谐、对比中衬托的美感。色彩的对比是指色彩明度、纯度的距离疏远程度。缤纷的色彩通常都会给室内增添不同的酸甜苦辣咸,而和谐主要是控制、完善室内的空间氛围最基本的手段。我们应该要合理地把握住室内空间的基调,创造出一个属于自己的诗意般的美丽世界。

2. 色彩的心理特征

色彩心理学家通常都认为,不同色彩往往都能够给人带来完全不同的心理感受。暖色系通常也会使人的心情舒畅,产生一种兴奋感;而冷色系则往往会使人感到清净,甚至还带有一些点忧郁。黑、白色往往是两种比较极端的色彩,黑色通常都会分散人的注意力,使人产生一种郁闷、乏味的感觉;而白色的对比度由于太强,长时间处于白色的空间内,容易刺激瞳孔收缩,从而诱发头痛等不适症状。正确地运用色彩的各种规律,可以有效地改善家庭的居住条件。小空间通常会采用冷色调,可以在视觉方面减少拥挤感;而卧室的色调要暖一些,有利于增进夫妻之间的感情和谐;书房则用淡蓝色进行装饰,可以使人更加集中注意力去学习;餐厅中往往会采用一种淡橙色,有利于增强人的食欲……

3. 形式服从功能的需求

在进行室内空间的设计过程中,应该充分贯穿功能至上的设计发展理念。室内色彩的设计同时也应该满足功能与精神层面的需要,给人营造出一种恬静、舒适的生活环境。不同的室内空间往往都会有不同的使用功能,色彩的设计通常都要随功能的差异而做出相应的变化。如儿童房和起居室中,因为使用的对象不同,功能也存在着比较显著的差别,在室内色彩设计方面同样也应该进行区分。像居室色彩总体的格调应该充分体现在居住、休息场所的特征,以平静、淡雅为主基调。而室内的娱乐休闲室,色彩则需要活泼一些,以中性色为主,局部的小面积能够用一些纯度较高的色彩。

4. 设计中贯穿构图思维

在进行室内色彩的配置过程中,首先需要我们充分考虑空间构图的特征,正确地处理协调和对比、统一和变化、主体和客体之间的不同关系,真正地发挥出色彩对室内空间的美化作用。其次应该处理好统一和变化之间的关系,在统一的基础上寻求变化,在变化过程中寻找统一,形成一种具有一定韵律感、节奏感与稳定感的室内空间色彩。在选用室内的色彩时,不宜大面积地采用过分鲜艳的颜色,高纯度的色彩只需要局限在小面积色块。为了能够达到室内色彩的稳定性,最好还应该遵循上轻下重的色彩关系,在变化过程中寻求统一。

5. 融入生态空间理念

室内色彩并非孤立存在的,将自然色彩融入室内这种全新的生态理念,不但可以在室内创造自然色彩的气氛,还可以有效地加深人们与自然的亲密接触。花鸟鱼虫、庭院水池、观景假山是点缀室内色彩的一个重要方式,给人一种轻松愉快的联想,简单的点缀使我们的居住环境更好地与绚丽多彩的自然相融。为了更好地相拥自然,室内设计师常常在材料上运用大理石、花岗岩、原木等天然材质,加之盆栽等纯天然装饰物,能给人一种自然、亲

第六章 室内设计的细部设计

切之感。如图 6-16 和图 6-17 所示的公共空间,各界面以及楼梯都以客厅天然木质进行设计,本色的材质之美与现代的钢筋混凝土的空间形成鲜明对比。如图 6-18 所示的客厅利用可循环再利用无污染的材料,结合替代型可再生能源的设计,真正实现了"绿

图 6-16 公共楼梯

图 6-17 公共休息空间

色设计"。空间室内设计不需要珠光宝气,而是要正确地使用材料,合理地突出材料的特质,调动艺术手段创造出美的环境、美的气氛,创造出与众不同的个性空间。

图 6-18 客厅

(二)室内色彩设计的要求

在进行室内设计时,必须首先考虑下列的问题。

1. 空间的功能、空间的使用目的

会议室、病房、儿童房、KTV 等功能不同的室内空间,应该选用一些带有各自明显特征的色彩诠释其空间的典型特点。如图 6-19 所示就是会议室,设计师采用的是低明度、低纯度的色彩加以布局,使空间变得沉稳、庄重。

第六章　室内设计的细部设计

图 6-19　会议室

2.空间的大小、格局

一些带有缺陷的空间格局能够运用色彩进行调节,强调或者削弱色彩以达到想要的效果。

3.空间使用人群

依据不同年龄阶段的人群对于色彩做出有区分的运用,以便能够满足各个阶层人们的心理需要。如图 6-20 与图 6-21 所示的儿童房与儿童玩具店,设计师们在这里采用的是高纯度的色彩,充分反映出了儿童典型的心理特点。

4.空间的环境

色彩和环境之间存在着十分密切的关系,在室内的环境中,特别明显。在室内,色彩的反射能够充分影响到其他物体的颜色。与此同时,室外的自然景物也可以反射到室内的环境中来。因此,这就要求在设计过程中,尽量选用和周围的环境相互协调的色彩。

图 6-20 儿童房色彩设计

图 6-21 儿童玩具店色彩设计

第六章 室内设计的细部设计

5.空间的使用长短

不同的使用目的,空间的使用时间也是不同的。在选用房间的色彩时,应该多考虑一下色彩的色相、纯度等方面的因素,尽量加入减轻视觉疲劳的功效。

四、室内空间色彩的设计方法

(一)确定基色调

室内色彩首先应确定空间的基调色彩,空间的冷暖、氛围、个性都需要通过主基调充分表现出来,在这个基础上再充分考虑其局部的适度变化。下面我们就以居住空间为例,对不同室内色彩进行简要的分析。

1.卧室

不同年龄层次的人往往都会对卧室色调产生完全不同的要求。如男生的卧室中通常都是采用淡蓝色的冷色调;而女生的卧室中往往是采用一些淡粉色的暖色调;新婚夫妇的卧室大多都使用一些具有激情、热情的暖色调(图 6-22)。而卧室往往是休息的

图 6-22 新婚夫妇卧室色彩

场所,颜色则不应该太强烈,应该充分考虑运用一些相对较为优雅、静谧的色彩。

2. 客厅

客厅通常都是最可以展现出主人的文化底蕴、审美情调的场所之一。客厅的色彩往往应选择一些比较倾向于热情好客的暖色调作为其基调,或者选择一些比较清新柔和的高明度低纯度的色彩,并且通常情况下也会应该伴随一些具有较大跳跃感、对比性比较强烈的装饰。如图 6-23 所示的客厅设计,天然的木质通常都能够给人们带来一种温暖之感,少而鲜艳的红色往往为空间增添了点点生气。

图 6-23　客厅色彩搭配

3. 餐厅

餐厅的色彩设计搭配通常要与客厅保持协调,具体的色彩设计搭配往往需要根据个人的喜好来确定,一般选用的是暖色调,如深橙色、橘红等,局部的色彩方面也可以选用白色或者淡黄色等,突出家庭氛围的温馨与和谐。如图 6-24 所示的餐厅,其中的

第六章 室内设计的细部设计

精致吊灯、淡黄墙壁都使空间散发出一种十分温暖的气息。

图 6-24 餐厅色彩搭配

4.厨房

厨房色彩的搭配设计往往会以清洁、卫生为主。最好是采用白、淡灰、淡青色等色彩。地面则不宜过浅,采用的色彩最好是耐污性较强的,墙面通常都是以白色为主,便于日常的清洁与整理。如图 6-25 所示的就是两厨房,干净且整洁。

图 6-25　厨房色彩搭配

5.书房

书房中的色彩设计往往会采用蓝、绿色等冷色系,营造出的是一种十分安静、清爽的氛围。身处其中更能利于安静地学习和思考。书房的色彩通常也都不需要过重,对比同样也不应该太过强烈,光线的考虑一般都是设计过程中极为重要的因素(图 6-26)。

图 6-26　书房色彩搭配

第六章　室内设计的细部设计

6.卫生间

传统卫生间的色彩通常都是以白色为基本色调,而在现在设计过程中,设计师们大量地融入了时尚的设计理念,如有很多卫生间都是以深色为主调,金色、银色等做小面积进行装饰的,具有极强的个性。现在比较常见的卫生间设计,如图6-27所示。

图6-27　卫生间色彩搭配

室内色彩通常都是室内环境设计成败的关键,孤立的颜色对美和不美是无所谓的。色彩的效果通常都会取决于颜色间存在不同关系的结果,怎样处理好色彩间的协调关系,是配色的关键所在。色彩通常是变化统一的,我们应该遵循色彩构图的原则,创造出一个自己比较满意的室内空间氛围。

(二)色彩应该统一

考虑到每个人在职业、文化程度、生活习惯等诸多方面存在的不同,形成了千差万别的审美情趣。虽然如此,室内设计在室内色彩选择上仍然还是有一定规律可循的。主基调确定以后,第二步,我们就应该充分考虑到色彩的施色部位以及比例分配。在室内设计上,大体上能分三个部分进行考虑。大面积的界面通常都会作为室内色彩表达的重点对象。另外还应该考虑家具与周围墙面的关系,还可以采取统一选用材料来获得统一。

解决室内色彩间存在的相互关系。不同层次间的关系通常都能分别考虑其背景色与重点色。背景色常常会作为大面积色彩,宜使用灰调;重点色常常作为小面积的色彩,在彩度、明度方面要比背景色高。

第三节 采光与照明

一、采光与照明的效果

室内的照明方式主要分为两种:一种是自然光照明,另一种是人造光照明。自然光照明以日光为主,是日间照明的主要光源;人造光则以灯光为主,是晚间照明的重要光源。照明设计的关键所在就是要协调处理自然光和人造光间的关系,使照明效果在一天之中不断地呈现出一种丰富多彩的变化(图 6-28)。

(一)自然光的照明效果

1.天窗采光

在室内顶部做一个天窗,有很好的采光效果,在天窗做一些百叶去遮挡部分阳光,能够起到很好的隔热作用,部分使用阳光穿过天窗以及百叶投下来的斑驳的影子。在门、墙壁、地板上留下一道道细长的光影,可以形成一种令人炫目的效果(图 6-29)。

2.加大窗户的尺寸

在不影响到建筑外形结构的基础上,应该加大窗户的尺寸,

第六章　室内设计的细部设计

使室内可以获得较好的采光（图 6-30）。即便是在无法满足开大窗的情况下，也可以在墙上挖一个一个的小圆窗，改善一点室内空间的采光条件，而使内部空间由此变得明亮些。

图 6-28　自然光和人造光并用

图 6-29　天窗采光

图 6-30　加大室内窗户设计

3.利用玻璃砖墙

如果希望房间可以尽享阳光,同时还要避免被一览无遗的尴尬,那么一面玻璃砖墙则是最佳的选择,光线经过玻璃砖墙的过滤之后,所投下的阴影图案可以让空间变得更加丰富多彩(图6-31)。

图 6-31　玻璃砖墙在室内设计的使用

第六章 室内设计的细部设计

(二)人造光的照明效果

1. 烛光

在室内设计过程中,因为烛光的照度十分柔和,完全可以考虑更多的使用一些烛光,以烛光照明为主,同时还要配合一些其他的照明形式,可以产生与其他人造光截然不同的效果,同时还可以营造出一种妙不可言的气氛(图6-32)。

图6-32 室内烛光照明

2. 纸罩灯光

纸罩灯光是一种具有微妙且富有变化的灯光照明效果,其神韵和月光颇为相似,适合用于营造出一种宁静浪漫的气氛,并且这种光源在审美的风格方面也是自成一体(图6-33)。

3. 直射灯光

从下向上射出的光线照在室内物品上,自有其独特的韵味,并且影像投射于墙上、顶棚上,斑斑驳驳,和阳光照射所形成的阴影效果十分相似。

4. 暗槽灯光

暗槽灯光是一种隐藏于结构内部的灯光形式,它可以勾勒出室内空间的轮廓(图6-34)。

图 6-33　纸罩灯光

图 6-34　暗槽灯光

二、照明的不同方式与作用

(一)照明的不同方式

1. 直接照明

在 90%～100% 光线下直接投射,光量很大,光质较差,有比较强烈的炫光与阴影,如灯罩只有下端开口的吸顶灯、吊灯与筒灯等(图 6-35)。

图 6-35　直接照明

2. 漫射照明

漫射照明是应用散光装置使 40%~60% 光线扩散以后往下投射,光量略次于直接采光,眩光与阴影也略为改善。

3. 间接照明

间接照明是使 90%~100% 光线皆往上投射,光量弱、光质柔、无炫光。如灯罩上仅仅是有上端开口的壁灯、落地灯、暗槽灯等,都属于这一形态(图 6-36)。

(二)照明的不同作用

1. 照明的功能性作用

照明的功能性主要是指以满足实际生活为需要目标的采光形式,它可以分为普遍照明与局部照明两种典型的方式。普遍照明主要是指给予室内均匀照明的一种采光方式,局部照明则是指依据特定的区域活动需要,把光线正确的投向固定活动面或者作业面的一种采光方式。

2. 照明的装饰性作用

照明的装饰性主要是以创造视觉美感效果作为目标的一种

采光方式,一方面,光线本身所造成的和谐、平衡、韵律等效果,充分具备了一种动人的美感;另一方面,灯具本身也产生了装饰性的陈设作用(图 6-37)。

图 6-36　间接照明

图 6-37　装饰性照明

第六章 室内设计的细部设计

三、室内照明设计的原则

照明满足了现代人对于不同光线的要求,同时也具有增强室内空间效果与装饰效果、烘托气氛的重要作用。首先应该根据空间的大小、功能设计的不同调节室内的光亮度,使人们的工作、生活、学习可以更加舒适自如;同时,因为光的照射所形成的光影也可以很好地表现出空间的轮廓、层次造型、室内陈设所具有的立体效果;灯具自身就属于艺术品之一,所以设计师也需要充分注意与表现出灯饰的艺术效果。在设计室内灯光照明时,需要遵循以下原则。

(一)功能性原则

灯光照明的设计一定要符合空间功能的要求,按照不同的空间、不同的场合、不同的对象选择完全不同的照明方式与灯具,并且还要保证恰当的照度与亮度。例如在住宅的卧室内要选择一些比较暖的光源,以营造温馨、舒适的氛围,如图6-38所示的就是以暖光源为主的卧室;对于书房的照明设计则需要注意基础照明,同时还要有书桌或者阅读区的重点照明,如图6-39所示就是书房的照明设计。

图6-38 卧室内照明

图 6-39　书房内照明

(二)经济性原则

室内的灯光照明并非越多越好,要做到合理科学的灯光使用,其中关键的一点是要满足人的需要。

灯光照明设计首先应该充分满足人的视觉和审美心理需要,使室内的空间可以最大程度体现出其实用价值和欣赏价值。其次还要做到使用功能和审美功能的协调统一。那些华而不实的灯饰设计往往并不会起到锦上添花的作用,相反,通常都会起到画蛇添足的作用,进而造成了电力消耗、能源浪费,甚至还可能会产生光环境污染。

(三)安全性原则

灯光照明设计也要求具有绝对的安全可靠性。因为照明来自电源,一定要采取严格的防触电、防短路等必要的安全措施,以

第六章　室内设计的细部设计

避免意发生外事故。

第四节　家具与陈设

一、家具的分类

根据家具的不同功能,通常可以将家具分成三类,即坐卧类家具、贮藏类家具与凭倚类家具。

(一)坐卧类家具

坐卧类家具主要是指用于直接支撑人体的家具类型,如床、榻、凳、椅、沙发等。坐卧类家具的设计是家具设计中十分重要的组成部分,是和人体接触最密切、使用时间最长以及使用功能最多最广的基本家具形式,造型式样也是最丰富的。

沙发类家具通常是在材料上用金属弹簧、方木结构、海绵软垫制作而成的。表面的材料从真皮到现代布艺沙发,面料多种多样、装饰性强。现代沙发造型日益变得轻巧,具有抽象雕塑般的造型与美感,更加具有流行与时尚的色彩与款式。如图6-40所示为组合沙发。

图 6-40　组合沙发

椅凳属于坐类家具,品种最多,造型也是最丰富的。椅凳类家具从传统的马扎凳、折椅、圈椅等等。如图6-41所示是钢结构的休息椅、如图6-42所示为学生座椅、如图6-43所示为办公座椅、如图6-44所示的是色彩艳丽的休闲座椅。

图6-41 休息椅 　　　　　　　　图6-42 学生椅

图6-43 办公座椅

第六章　室内设计的细部设计

图 6-44　休闲座椅

　　床榻类家具是用来支撑人体休息睡眠的家具。现代的卧床家具根据人的生理和心理感受来设计卧床成为家具设计师的主导思想，如图 6-45 所示为多功能床。

图 6-45　多功能床

(二)贮藏类家具

　　贮藏类家具主要是指贮存物品的家具类型，在使用方面也可以分成两大类，即橱柜与屏架。贮藏类家具在设计方面也必须在适应人体活动的范围之内制定尺寸与造型。在造型方面，贮藏类家具主要可以分为封闭式、开放式、综合式三种形式。如图 6-46

室内设计方法与细部设计

～图 6-48 所示是不同功能的储藏柜。

图 6-46 置物架

图 6-47 储物柜

第六章 室内设计的细部设计

图 6-48 可移动式储物格

(三)凭倚类家具

凭倚类家具主要是指专门供人凭倚、伏案工作时和人体直接进行接触的家具,主要包括桌类、台类、几、案等。凭倚类家具和人体动作产生的是直接的尺度关系,合理的尺度直接影响到人体的舒适性和身体的健康。确定凭倚类家具的尺度一定要依据人体工程学的人体尺度去确定其相应的尺寸,同时凭倚类家具同时也需要注意家具间的配合关系,例如桌子与椅子、茶几与沙发之间的尺寸关系,以便配套使用。如图 6-49 所示的组合办公桌椅,都强调现代办公空间的复杂与多样性,以及使用人群的特点,充分发挥了设计师的想象力和创造力。

图 6-49　组合式办公桌椅

二、室内设计中家具的配置

（一）确定家具的种类和数量

满足室内空间的使用要求,是现代家具配置过程中最根本的目标。在确定好家具种类与数量前,一定要充分了解室内空间的使用功能。此外,在一般的房间中,如卧室、客房、门厅等,则应适当控制家具类型与数量,在满足了基本功能的前提下,应该尽可能地减少家具的种类和数量(图 6-50、图 6-51)。

图 6-50　简约家具布置

第六章 室内设计的细部设计

图 6-51 紧凑型家具布置

(二)确定合适的格局

家具布置的格局主要是指家具在室内空间配置过程中的构图问题,家具的布置格局同样也要符合形式美的法则,注意有主有次、有聚有散。空间比较小时,应该采取聚合的布局方式;空间较大时,应该采取分散的布局方式。在实践过程中,通常采用的都是以下做法。

第一,以室内空间中的设备或主要家具为中心,其他家具分散布置在其周围。例如在起居室内就可以壁炉或组合装饰柜为中心布置家具。

第二,以部分家具为中心来布置其他的家具。

第三,根据功能和构图要求把主要家具分为若干组,使各组间的关系符合分聚得当、主次分明的原则。

在日常生活中,家具的格局可以分为规则与不规则的两类。规则式大多表现为对称式,有明显的轴线,特点是严肃和庄重,因此常用于会议厅、接待厅和宴会厅(图 6-52)。不规则式的特点是不对称,没有明显的轴线,气氛自由、活泼、富于变化,在现代建筑中比较常见(图 6-53)。

图 6-52 规则矩形家具布置

图 6-53 不规则家具布置

三、室内陈设

(一)室内陈设的作用

室内陈设通常是室内环境中必不可少的组成部分,对室内设计的成功与否有着重要的意义,其作用主要体现在下列几个方面。

第六章 室内设计的细部设计

1. 增强空间内涵

室内陈设介入室内设计中来,十分有助于使空间充满生机与人情味,并且还能够创造出一定的空间内涵与意境,如纪念性的建筑、传统建筑、一些比较重要的旅游建筑通常也都会借助室内陈设创造出一种比较特殊的氛围。如北京卢沟桥中国人民抗日战争纪念馆入口的序厅,大厅正面的墙上就镶嵌了一幅《铜墙铁壁》的铜塑(图6-54),序厅的两侧则设置了"义勇军进行曲"与"八路军进行曲"的壁饰。整个入口序厅的室内环境色彩主要是由红、黑、白和铜色共同构成的,追求的是一种纯净、简洁、粗壮和厚朴的装饰效果,每个细部的陈设处理都渗透出中国人民战胜外敌的力量和悲壮的激情,使参观者在这里得到心灵的震撼。特别是序厅顶棚悬挂的吊钟,更是为人们提出了"警钟长鸣"的警示。

图6-54 北京卢沟桥中国人民抗日战争纪念馆《铜墙铁壁》

2. 强化室内风格

室内陈设品自身独特的造型、色彩、图案以及质感等,都带有特定的风格特征,所以,室内陈设品都比较有助于强化室内风格的形成。例如北京新东安市场地下层的"老北京"购物商业一条街,不仅将每个店面做成大栅栏的样式,还在店铺门面挂上一些"老北京"的店招和幌子,如"盛锡福""同仁堂""荣宝斋""六必居"等(图 6-55)。

图 6-55 "老北京"购物商业一条街街景

所有这些陈设品都强化了传统北京的风貌特点,增加了来此购物的顾客对"老北京"一条街的兴趣。

3. 反映个性特点

通常情况下,人们总是依据自己的爱好选择与之相应的陈设品,所以室内的陈设也成为主人反映个性的主要途径。一些嗜好珍藏物品的人家,经常就在自己的家中挂满一些珍藏的物品,使室内的空间能够反映出主人的兴趣爱好与个性。

第六章　室内设计的细部设计

(二)陈设的技巧

1.色彩陈设

以颜色取胜是最容易办到的,当一种或几种颜色统率了整个房间时,陈设物本身的材质便显得不那么重要了,而重要的是它的颜色同房间配色的一致性,如图6-56所示。

图6-56　室内色彩陈设

2.台面陈设

室内的台面不仅有不同的种类,同时还有材质上的区别,所以摆放的内容和方式也各异,一般台面陈设多选用雕塑、插花等艺术品,根据需要也可放灯具、相框、烛台、电话、茶具、烟具等实用品。同时台面陈设数量不能过多,品种不宜过杂,要留出较大的工作台面(图6-57)。

(三)室内陈设的种类

1.织物陈设

由于织物的特点是比较柔软的,所以它逐渐发展成为室内软环境创造过程中必不可少的一种重要元素,也是现代室内环境中使用面积最广的一类陈设品。在现代室内的空间设计过程中,织物正在以其多彩多姿、生机勃勃的面貌,充分发挥出了其拓展视觉与延伸空间环境的作用。

图 6-57　台面陈设

(1)织物的种类

织物的种类通常有很多,如果根据材料划分,主要有棉、毛、丝、麻、化纤等;如果根据其制作工艺划分,则主要有印、织、绣、补、编结、纯纺等;如果根据其用途划分,可以划分成窗帘、床罩、靠垫、桌布等;如果根据其使用的部位划分,则能够分成墙面贴饰、地面铺设、帷幔挂饰、床上用品、卫生盥洗、餐厨杂饰等(图6-58)。

(2)织物的功能特性

织物的特性主要表现为:质地柔软、品种丰富、加工方便、性能多样、随物变形、装饰感强与易于换洗等几个方面。

首先织物具有诸多实用功能,如调光、保温、防尘、挡风等作用,经过特殊处理的织物还能阻燃、防蛀、耐磨以及便于清洗等。

其次从空间组织方面来看,织物正以其特有的质感、丰富的

第六章 室内设计的细部设计

色彩、多样的形态起着重要的空间组织作用。

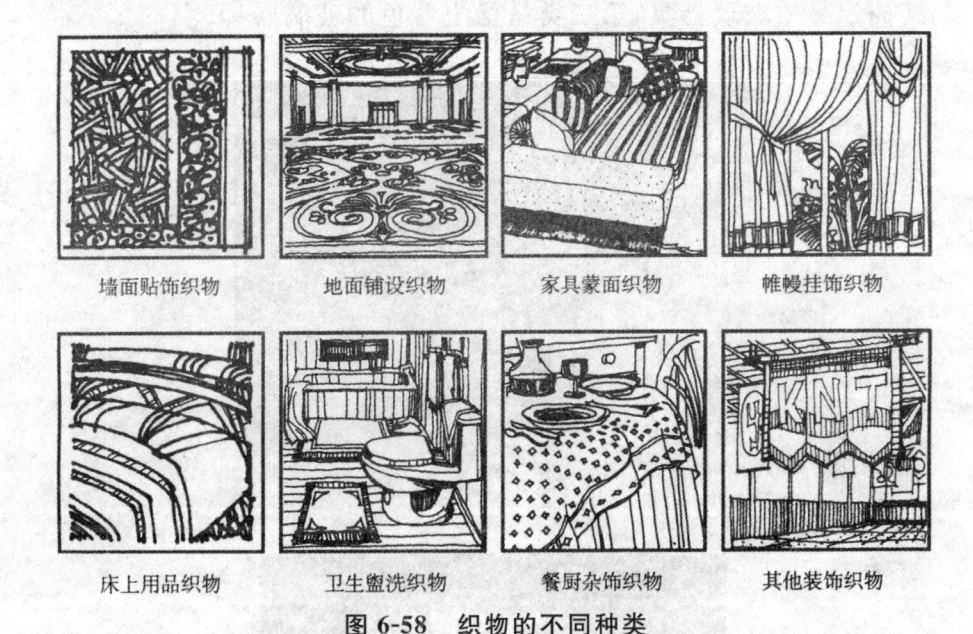

墙面贴饰织物　　地面铺设织物　　家具蒙面织物　　帷幔挂饰织物

床上用品织物　　卫生盥洗织物　　餐厨杂饰织物　　其他装饰织物

图 6-58　织物的不同种类

最后从环境装饰方面来看，由于织物在室内环境中使用面积大，同时具有实用功能和装饰功能。

2. 日用品陈设

室内日用陈设品的种类繁多，内容极为广泛，大致可分为以下类型。

(1) 陶瓷器具

陶瓷器具主要是指陶器和瓷器两类器具，主要包括瓦器、缸器、砂器、瓷器等器物（图 6-59）。其风格多变，是在室内日常生活中应用最为广泛的一种陈设物品，并且还具有日用陶瓷、陈设陶瓷以及陶瓷玩具等多方面的类型。我国的陶瓷器具不仅用途较广，而且富有艺术感染力，常作为各类室内空间的陈设用品。

(2) 玻璃器具

室内环境中的玻璃器具包括茶具、酒具、灯具等，具有玲珑剔透、闪烁反光的典型特点，在室内空间设计过程中，通常都可以采用加重华丽、新颖的气氛。到目前为止，我国生产的玻璃器具主要可以分为三类：第一类是普通的钠钙玻璃器具；第二类是相对高档铝晶质玻璃器具；第三类是稀土着色的玻璃器具。

图 6-59　陶瓷饰品

图 6-60　玻璃酒具

(四)室内陈设品选择

1.陈设品的风格选择

陈设品的风格一般是多种多样的,它不但能够代表一个时代

第六章 室内设计的细部设计

的经济技术发展水平的高低,同时也可以充分反映出一个时期的文化艺术典型特征。如西藏的传统藏毯;贵州地区的蜡染;江苏宜兴的紫砂壶(图 6-61),造型优美,质地朴实,带有当地非常浓郁的中国特色。

图 6-61　宜兴紫砂壶古朴风格

2.陈设品的造型选择

陈设品在造型上通常都是千变万化的,它一般都能够给室内空间设计带来极为强烈的视觉感染力,如家用电器的简洁与极富有现代感的造型设计,各类茶具、玻璃器皿等,往往都具有十分柔和的曲线美,盆景、植物等,都能够极大地增强室内的空间形态美(图 6-62)。

3.陈设品的色彩选择

陈设品的色彩通常在室内环境设计过程中能够起到一定的作用。一般来说,陈设品色彩大部分都会处于一种"强调色"的位置,但一旦选用了太多的点缀色,往往会导致室内空间显得过于凌乱。有很少一部分陈设品,常常被用作室内环境的背景色加以处理。

4.陈设品的质感选择

制作室内的陈设品材质通常情况下都会呈现出多种多样的特征,如金属器具光洁坚硬、石材的粗糙、丝绸的细腻等。

对于室内陈设品的质感选择,应该从室内的整体环境出发做出适当的考虑,理想的状态是不能产生杂乱无序的情况。

图 6-62　室内盆栽造型设计

第五节　绿化与织物装饰

一、室内绿化

(一)室内绿化的作用

1. 改善气候

绿化的生态功能是多方面的,在室内环境中有助于调节室内的温度、湿度,净化室内空气质量,改善室内空间小气候。有些室内植物能够降低噪声的能量,若靠近门窗布置绿化还能有效地阻

第六章 室内设计的细部设计

隔传入室内的噪声;另外绿色植物还能吸收二氧化碳,放出氧气,净化室内空气。

2. 美化环境

室内绿化通常都会比一般的陈设品更有活力,它不仅具有形态、色彩与质地上的多样变化,而且还极富有姿态,可以以其独特的自然美给建筑的内部环境设计增加动感和无限魅力。室内绿化通常都会对室内的环境美化起到重要作用,其主要表现在两个方面:一是绿色植物、山石、水体自身具有的自然美,如色泽、形态、气味等;二是通过对对各种不同自然元素进行有机组合,或者和室内空间之间进行有机配置之后产生的良好环境效果。

3. 组织空间

现代建筑中存在很多比较大的空间,这些空间通常都要求既富有联系还可以分隔,这时所利用的绿色植物与水体等进行分隔空间,就是一种十分理想的手段,绿色植物和水体可以对空间分割的同时,还保持空间的沟通和渗透绿色植物与水体。在进行室内外的空间渗透处理方面,效果也是更加理想的,不但可以让空间过渡得十分自然流畅,同时还能扩大室内环境的空间感。

(二)室内绿化植物的选择

植物世界可以称得上是一个极为庞大的帝国,因为各种植物自身的生长特征存在一定的差异,所以对环境也就有着不同的需要。

第一,需要考虑建筑物的朝向,并且还应该注意室内的光照条件,这对于永久性室内植物特别重要。

第二,需要充分考虑到植物的形态、质感、色彩等是否和建筑的用途与性质相互协调。

第三,应该充分考虑季节效果因素,利用植物的季节变化来形成一种比较典型的景色效果。

第四,室内的植物选用还应该和文化传统以及人们的喜好结合起来。

室内设计方法与细部设计

(三)室内植物的布局方式

室内空间中布置的绿色植物,最先应该考虑到室内空间的性质、用途,之后需要依据植物的尺度、色泽、质地,充分利用墙面、顶面等进行布置,达到组织、改善、渲染空间的目的。近年来有很多大中型公共建筑经常会辟有高大的宽敞、具有一定自然光照的"共享空间",这里往往会成为布置大型室内景园的绝妙场所,如广州的白天鹅宾馆内就设置了以"故乡水"为主题的室内景园。宾馆底层大厅则贴壁了建造了一座人工假山,山顶上有亭,山壁的瀑布直泻而下,壁上则种植了各种耐湿的蕨类植物、沿阶草、龟背竹。瀑布下方是曲折的水池,池中有鱼、池上架桥,并且还引导游客欣赏珠江的风光(图 6-63)。

图 6-63　广州白天鹅宾馆

1. 点状布局

点状布局通常就是指独立或者组成单元相对集中布置的一种植物布局形式。这种布局往往都会用在室内空间的重要位置之中,除了可以进一步加强室内空间的层次感之外,还可以成为室内景观的中心,因此,在植物的选用上也更加强调其具有独特的观赏性。

第六章 室内设计的细部设计

2. 线状布局

线状布局主要是指绿化呈线状形式进行的排列,有直线式或者曲线式的分别。其中,直线式主要是指使用数盆花木排列在窗台、阳台、台阶或者厅堂的花槽之中,组成一个带式或者呈方形、回纹形等,直线式布局往往都会起到区分室内不同功能区域、组织空间、调整光线的作用;而曲线式则主要是指将花木排成弧线形。

3. 面状布局

面状布局主要是指成片地进行室内绿化布置的形式。它往往都是由若干个点组合而成的,大多数都用于背景,这种绿化的体、形、色等往往会突出其前面的景物。

4. 综合布局

综合布局主要是指由点、线、面等元素进行有机结合所构成的绿化形式,同时也是室内绿化布局过程所采用最多的一种方式。它不仅有点、线,同时也有面,而且组织形式是多样的,层次更加丰富。布置过程中同样也应该注意高低、大小、聚散之间的关系,并且还需要在统一之中产生变化,以便能够传达出室内绿化的丰富内涵与主题。

二、织物装饰

(一)织物的作用

装饰织物通常是室内设计中覆盖面积较大的种类,其对调节室内的气氛、格调、意境等都具有很大的作用。织物通常也都具有十分柔软的特性,触感舒适,因此还能相当有效地增加室内环境的舒适感。例如,地毯往往能给人提供富有弹性、防寒、防潮、降低噪音的地面,而窗帘则能调节室内的温度与遮挡光线、视线、隔音等,陈设覆盖物同时还可以防尘、减少磨损等,屏风、帷幔等往往能够挡风且营造一个相对私密的空间,墙面与顶棚所采用的织物往往都能改善室内的音响效果等。一般说来,在室内设计假如没有织物的话,那必将是一个冷冰冰、生硬而且十分呆板的环境(图 6-64)。

图 6-64　充满织物的房间

(二)织物的种类

1. 地毯

地毯通常都是用于铺地的,因此在设计与选择纹样时应该注意不要用严肃的主题性题材,地毯的图案也不需要太花太杂,凹凸不要太大,立体感也不要太强,图案的构图上也应力求平稳、大方、安静。

(1)地毯的作用

地毯在室内的设计过程中所起的作用,不可以简单地用一个面进行衡量,一定要分析其空间的整体特征、情趣以及意象。首先地毯需要为空间增色,其次则应该能容纳与空间中并存的多种设计因素,使它们可以变得更加协调统一,这样的地毯选择才是成功的(图 6-65)。

为餐厅选择地毯时,应该选择那些带有色彩变化的几何纹,

第六章 室内设计的细部设计

甚至选择一些比较醒目的大花纹地毯,这样在使用的过程中,不会出现单色地毯一样容易显脏的状况。

图 6-65 地毯与沙发的颜色相协调

(2)地毯的材质

截止到现在,制作地毯的主要原材料仍然分为天然和化纤两类。天然材料主要采用的是羊毛、椰丝纤维、黄麻等,由于因为其耐磨性差,一般少量地运用在空间之中,起点缀的作用。化纤材料则主要是尼龙、丙纶、腈纶、涤纶等,其中尤其以尼龙为佳,尼龙往往是人工合成纤维中最具有韧性、耐磨的材质,而且还具有易清洗、防静电、防尘、防污以及防火安全等多种比较卓越的品质。

2. 窗帘

窗帘不但可以遮挡视线、调节光线、隔音等,同时还可以起到装饰与美化室内环境的作用。在选择窗帘的时候,需要充分考虑到房间需要光线的强弱或者幽静的程度,以及准备选用一些比较简单的样式还是相对复杂的样式(图 6-67)。

(1)窗帘的样式

窗帘的样式比较常见的主要有两种,即简单样式和复杂样式。

图 6-66　不同材质的地毯

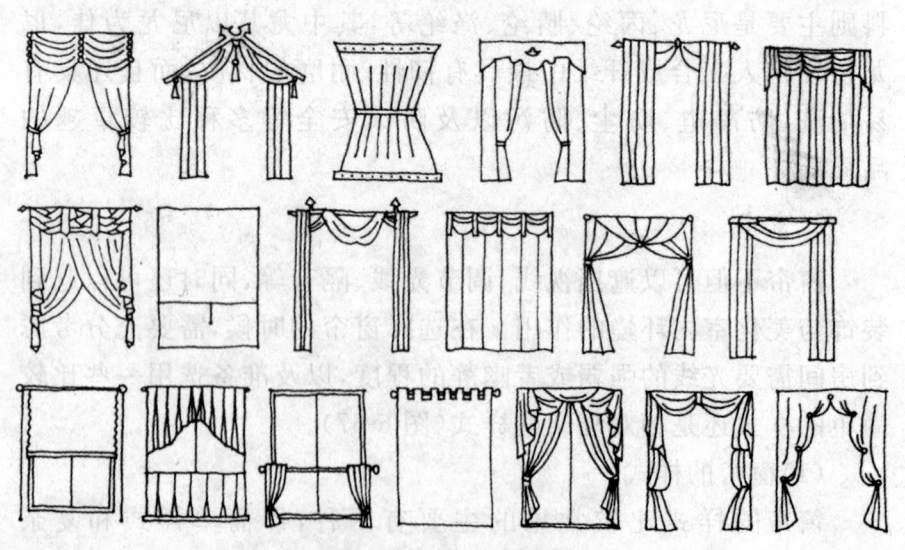

图 6-67　窗帘的不同式样

第六章　室内设计的细部设计

简单的样式。选择一些比较简单的方式装饰窗户，其中的一个好处就是费用少，卷帘用挂钩或者系带挂于杆上的无衬里、棉布等都不会花费太多。像厨房、书房这类的小房间内，实际上就比较适合使用一些比较简单的窗帘。

复杂的样式。大房间的大窗户一般都会配上一些比较华丽的窗饰，从而促使大厅"棚壁生辉"，高大的窗户可以用来垂挂装饰物与尾状装饰物进行装饰。

(2) 窗帘的理想长度

在量尺寸以前，为窗户设计一个相对较为理想长度的窗帘。窗帘可以挂到窗台、或者刚过窗台或者接近地板都可以。通常窗户的大小与房间的类型影响窗帘的长度，但是主要应该取决于自己的设计意愿。

(3) 窗帘的装饰物

带扣。带扣可以使窗帘的褶层更为突出，把窗帘从窗户处收起来，使光线能够更多地进入房间内(图 6-68)。

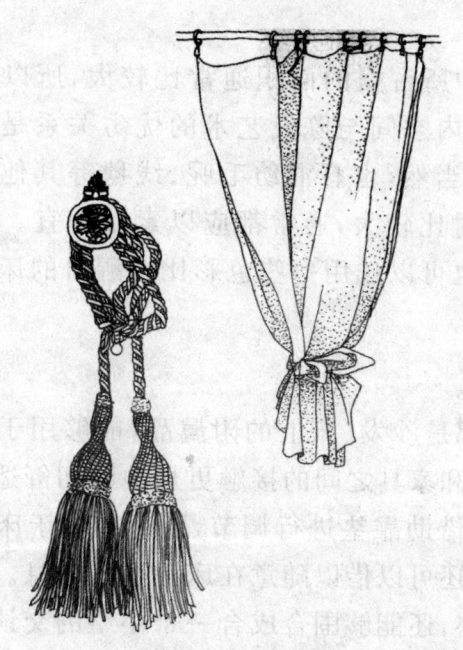

图 6-68　窗帘带扣

窗帘杆。窗帘杆不仅仅具有固定窗帘这一个作用,同时材料、造型、颜色等也是多样的,在室内环境之中具有十分明显的装饰性效果(图6-69)。

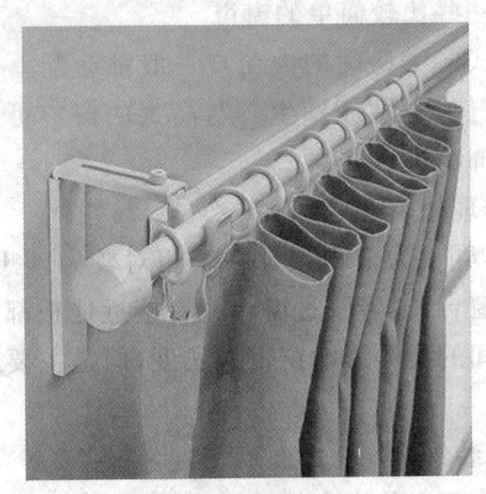

图 6-69 窗帘杆

3. 床罩

床在卧室中所占据的面积通常比较大,所以选好它的覆盖织物,对一个室内空间与陈设艺术的优劣关系是颇大的。床罩通常为棉布的,当然,也有混纺毛呢、线毯等其他织物。因为它的铺盖幅度相对比较大,通常都应以素雅为宜。在过分的淡雅朴素的卧室中也可以选用一些色彩比较醒目的床罩对视觉进行调剂(图6-70)。

4. 靠垫

靠垫通常都是沙发、床上的附属品,能够用于调节人体的坐卧姿势,使人体和家具之间的接触更加地贴切舒适。沙发角度欠佳的靠背,可以借助靠垫进行调节,随便搁置于床上的靠垫不仅能够充当枕头,还可以借以随意在床上歪靠休息。在清洁的地毯上叠放几个靠垫,还能够围合成合一个小型的交谈区。靠垫已经逐渐演变成现代化居室内不可缺少的装饰品(图6-71)。

第六章 室内设计的细部设计

图 6-70 床罩

图 6-71 沙发靠垫

(三)织物的功能

1. 划分空间

地毯可以从视觉层面与心理层面划分出空间,进而能够形成

室内设计方法与细部设计

一定的领域感。用帐幔、帘帐、织物屏风等划分出室内空间,是中国传统室内设计中比较常用的手法之一。在现代室内环境设计中,同样也应该重视利用织物划分空间的功能(图 6-72)。

图 6-72　织物可以划分空间

2. 调整空间

因为装饰织物的铺设带有色彩、图案、质感等,都带有比较大的灵活性,可以充分利用这方面的优势对室内很多不理想的方面进行调整。如果家具布置和造型都十分呆板的话,可以选用一些图案和色彩都较为活泼的织物,这对于打破室内设计呆板的局面十分有利,对于那些相对较为凌乱的室内布置,往往都会使用统一的色彩、肌理以及一些规整图案的织物,以便可以进一步取得室内空间的整体感。如果室内的空间显得太过于空旷,则应该选用一些色彩极为强烈且立体感相对较强的图案。

第六章 室内设计的细部设计

如果空间比较高的话,还能运用织物吊顶,以此来调整空间的高度(图 6-73)。

图 6-73 用织物吊顶

参考文献

[1][英]珍妮·吉布斯.室内设计教程[M].北京:电子工业出版社,2011.

[2]陈静.室内软装设计[M].重庆:重庆大学出版社,2015.

[3]陈雪杰.室内装饰材料与装修施工实例教程[M].北京:人民邮电出版社,2013.

[4]陈易.室内设计原理[M].北京:中国建筑工业出版社,2006.

[5]范业闻.现代室内软装饰设计[M].上海:同济大学出版社,2011.

[6]高嵬,刘树老.室内设计[M].上海:东华大学出版社,2011.

[7]郭洪武.室内装饰材料[M].北京:中国水利水电出版社,2013.

[8]胡海燕.建筑室内设计——思维、设计与制图[M].北京:化学工业出版社,2011.

[9]霍维国,霍光.室内设计教程[M].北京:机械工业出版社,2013.

[10]蒋娟娟,赖莉莉.室内软装饰设计教程[M].合肥:合肥工业大学出版社,2016.

[11]梁旻,胡筱蕾.室内设计原理[M].上海:上海人民美术出版社,2010.

[12]刘怀敏.室内软装饰设计[M].北京:化学工业出版社,2015.

参考文献

[13]陆晓云.装饰艺术设计[M].北京:北京大学出版社,2011.

[14]马澜.室内设计[M].北京:清华大学出版社,2012.

[15]邱晓葵.室内设计[M].北京:高等教育出版社,2001.

[16]孙嘉伟,傅瑜芳.室内软装设计[M].北京:中国水利水电出版社,2014.

[17]田沛荣.软艺调情[M].石家庄:河北美术出版社,2004.

[18]王菲.新装饰主义——现代室内软装设计[M].北京:中国水利水电出版社,2016.

[19]王芝湘.软装设计[M].北京:人民邮电出版社,2016.

[20]夏琳璐.室内软装饰设计与应用[M].北京:经济科学出版社,2012.

[21]许秀平.室内软装饰设计项目教程[M].北京:人民邮电出版社,2016.

[22]张绮曼.室内设计的风格样式与流派[M].北京:中国建筑工业出版社,2006.

[23]张清丽.室内装饰材料识别与选购[M].北京:化学工业出版社,2013.

[24]郑曙旸.室内设计思维与方法[M].北京:中国建筑工业出版社,2003.

[25]蒋琦,王天利.智能家居在室内设计中应用研究[J].智能城市,2017(03).

[26]历妍.智能家居元素——室内设计新主张[J].大众文艺,2012(02).

[27]朱礼智,马晓君,陈健敏,杨红梅.智能家居对室内设计的影响[J].林业机械与木工设备,2006(01).